猴面包树

THOMAS C. DURAND

LA SCIENCE DES BALIVERNES

为什么我们会被愚弄

[法] 托马·C.迪朗 著 祝华 译

浙江教育出版社·杭州

“即使您既聪明又受过良好教育，您仍然会上当。”

——詹姆斯·兰迪（James Randi）

魔术师，唯理主义者，无稽之谈的猛烈抨击者

“我们看到一个各方面都很好的人，他赞同大部分评判标准，同时相信自己不受它们的束缚；他感觉自己是自由的；他希望自己意志坚定；他能够理性地分析自己所做的事和所遇到的事……而我们又看到这个人最容易被操纵，这的确令人费解。无论如何，在这个最有机会在职场和社会生活中获得成功的人身上，有发人深省的东西。”

——罗伯特-万森·朱尔（Robert-Vincent Joule）

和让-雷翁·博沃瓦（Jean-Léon Beauvois），

《控制你自己》（*Petit Traité de manipulation à l'usage des honnêtes gens*）作者

目录

1

无稽之谈的四条原则

所有蠢事之中，代价最大的就是狂热地相信明显虚假的事。这是人类的主要消遣。

——亨利·路易斯·门肯（Henry Louis Mencken）

我们都愿意“相信”尽可能多的真实的事、尽可能少的虚假的事，甚至希望所有人都这样做。因为这样一来，集体的决定就会建立在一些可靠的事实之上，政策就会更有效，社会就会发展得更好。我之所以把“相信”一词放在双引号中，是因为它一词多义；此处我用的是其“信以为真”的含义。

当然，凭借经验可以知道，我们有时会“相信”一些虚假的事，会上当，甚至会执迷不悟，但有时我们也能辨认出（至少在别人身上）那些固守错误的表现。我们需要真正理解、衡量的是，这些虚假的事不是偶然出现的，它们不会向所有方向扩散，而是会选取那些阻力最小的路径，尤其是钻理性中的那些裂缝，即认知偏差。我们愿意“相信”某些事，而否认另一些事。某些坚实的科学理论会撞上一些认识障碍，一些民间传说或传奇故事也会涌入我们的警惕性的死角。

不是所有的真理都令人相信，真理并不具备固有的内在力量，一种信仰在我们心中激起的信任的程度与其真实性之间没有直接关系。真理受制于一个重大的“不利条件”，即它绝对只能是它本来的样子，而不能成为其他样子，否则就脱离了它的定义。真理有时也会令人失望、晦涩难懂、不受欢迎，甚至唐突生硬。而虚假则窃取了使用所有诡计的权利，它会迎合目标受众的耳朵，激发他们的想象力，讨好他们的偏见。这不是一场势均力敌的战斗，但我们在寻找真理，而这正是它唯一的优势。即使人们不相信，真理或者现实也会继续存在，这是一个坚定的怀疑论者所不可否认的。

我们都相信，虚假的观点是无穷无尽的。本书不讨论纯粹的、生硬的谎言——与真理直接冲突的陈述。说谎者会为了一个目的而明知故犯，他试图掩盖真相，操纵他人，通过分享一个他明知虚假的观点来谋取利益。同样，我可能较少探讨虚假新闻（fake news）[1]，而是更关注传播、分享和维护它们的动机。尤其本书的主旨是关于“bullshit”（胡说八道）(1)[2]，我们可以将它翻译成“无稽之谈”，这些无稽之谈的制造和传播最终与其真实性没有多大关系，但却与其社会心理方面的影响有很大的关系。说白了，之所以有那么多人“相信”无稽之谈，是因为它们的形式和内容都经过完美的改造，更能打动我们、感染我们。

没有人教过我们，该如何抵制能够抓住大脑运行漏洞的虚假信息。一些无稽之谈借助理智的自然倾向，在我们

1　指仅在形式上模仿标准的新闻报道，但其撰写过程和意图都与新闻无关的编造的信息……它寄生于新闻，利用新闻的可信性，又在其中掺杂了偏见。(1) ——原书注

2　正文和脚注中的上标（1）（2）（3）对应参考资料中该章相关参考资料的序号。——译者注

的世界观中占据了非常舒适的位置，我们可能见过许多这样的观点：

- 尼斯湖里有一个水怪。
- 导致气候失常的不是人类活动。
- 有证据表明，肉体灭亡后灵魂依然存在。
- 人类从未在月球上行走过。
- 占星术是一门科学。
- 一个人只要足够努力，就能获得他想要的。
- 半宝石[1]能释放有利于健康的能量。
- “光照派”（Illuminati，阴谋论组织）的阴谋操纵着这个世界。
- 必须防止松果体[2]钙化，这样才能获得超感官知觉。
- 疫苗会引发孤独症。
- 中世纪从未存在过。
- 通灵者能看见未来。
- 毒气室纯粹是编造出来的。
- 我们只利用了大脑的百分之十。
- 满月之夜有更多婴儿出生。

---

1 宝石被分为“precious gemstone”和“semi precious gemstone”，译作“宝石”与“半宝石”，其中宝石指钻石、红宝石、蓝宝石和祖母绿等贵重宝石，而半宝石指水晶、玛瑙等中低端宝石。——编者注

2 大脑腺体，分泌褪黑素，使人感受到昼夜交替的变化。有言论认为松果体为“天眼”，可使人类获得超强感知，已被证实为假。——编者注

- 埃及金字塔是亚特兰蒂斯人建造的。
- 恶有恶报。
- 我们可以通过破译人的非口头语言识别谎言。
- 麦田圈[1]是外星人留下的信息。

…………

无稽之谈没有真实的论据作支撑，也没有任何方法可以确定它的内容是否与现实世界一致。它只用于取悦、激怒或唬人，用于激起一种情感反应。编造和传播这些无稽之谈的人或许并非意在欺骗，但当人们缺乏对所相信的事物的批判性思维时，它就会出现在一片认识空白中。

无稽之谈也不是指所有的虚假信息，而是指人们愿意听并愿意传播的那些虚假信息。因此，它符合一些能使它看起来骇人听闻的标准。以下列举了那些最有效的（特别容易使我们上当的）无稽之谈所具有的特征，这四条原则可以解释虚假信息为什么会成功，以及真相为什么难以重见天日。它们的法文单词首字母构成了缩写词“NARA”（Narratif、Attraction、Resilience、Asymetrie.），我们可以用之来提高我们对无稽之谈的辨别力。

1　又称作“麦田怪圈”，英文是“crop circles”。——原书注

叙事原则（Narratif）

无稽之谈的第一个特征是“病毒性”。它是一种容易被记住的陈述，包含能构成精彩故事的成分。这就是为什么它很少被赋予某种色彩，却能让好人和坏人都心甘情愿地被其愚弄。它通常蕴含着一种象征资本，也就是说，当我们分享无稽之谈时会感受到某种形式的社会期望。

“我听说有人在下水道里发现了一条钝吻鳄。”

“哎呦喂！”

故事是否“精彩”往往取决于它们能激起的人的情绪，无稽之谈便是能激起强烈情绪的故事，并且往往是负面的，掺杂着暴力、愤怒、厌恶、不公。借助一些强烈的感觉，无稽之谈可以骗过我们的警惕性，促使我们做出反应，去相信并分享它，如：

“一个高官时常光顾的大型恋童癖网站把总部设在了白宫附近的一家比萨店里。”

对某些现象的科学解释看上去枯燥乏味、令人失望，并会让人从直觉上就感到不可信。换言之，它们不是精彩的故事。我们更愿意相信并分享对某些现象的一些神话般的或者荒谬的解释[2]。

当被故事调动的情绪很强烈时，我们的字典中就不再有“怀疑”这个词了。情绪使我们投入，而任何投入都悄悄地宣告了故事内容的有效性。瞬间的情绪反应会导致我们以为自己相信这个故事，随后我们便会采取行动，这就引出了下一个原则。

吸引原则（Attraction）

一旦被传播就会被记住的无稽之谈才是能够有效愚弄人们的，它会唤起人们的兴趣和欲望去相信并传播它。真相受到它的真实性和与现实的一致性的限制，而无稽之谈则受制于其吸引力。那些无法吸引人的无稽之谈会自然而然地被淘汰，因此，传播最广的无稽之谈必然是最吸引人的。当越来越多的人都在复述某个无稽之谈时，人们就会更容易相信它。我们会认为，既然这么多人都这样做，自己也无须再去证实。这就是“旁观者效应”。

真相不总是乐于被人们相信的，而无稽之谈则相反，即便它是令人不安的。比如，一位“精英”正在秘密策划一场世界性的阴谋，通过分发使人生病的药物来减少人口数量。这个说法激起了一种关于认识和控制的幻想，但讽刺的是，它令人安心，尤其是它允许我们用一个外部原因（阴谋家的恶意）来解释自己的失败。

“我可不像那些盲从的人那样容易上当，我知道微波炉能致癌！”

然而，当无稽之谈承载着商业目的时，它是“积极正向”的，即向可能相信它的人承诺一种好处。比如，某宣传广告会声称：只要足够大胆，你就能靠销售“神经智慧”的获取资格而发大财，这种“神经智慧”据说是开启大脑潜藏功能的钥匙，会使人们不被他人操纵。这种无稽之谈是由具有沟通才能的人编造的，他们懂得如何激发人们的欲望，所以能够在“个人成长”这个混乱却有利可图的领域中发展事业。

回弹原则（Resilience）

一个无稽之谈一旦进入某人的大脑，就会与他的大脑所拥有的认知环境相互作用。最强大的无稽之谈会感染他的所有观点，改变它们的表现形式或地位。无稽之谈镶嵌在认知环境中，变成我们对世界的描述的一部分，而任何对它的攻击，都将被视为对我们自身的一种攻击。

最强大的无稽之谈像黑客一样“黑”了我们的认知免疫系统，使我们的智慧转而对抗那些澄清无稽之谈的论据。典型的例子就是阴谋论。

“美国国家航空航天局否认在火星上使用儿童奴隶。这一官方声明恰恰是我们所期待的，说明该局确实在火星上使用了儿童奴隶。”

那些揭穿骗局的尝试可能会产生相反的效果，因为我们倾向于记住某些信息，同时忘记我们获取它们的渠道是什么。因此，如果有人为了强调一条信息是不准确的而重复阐述，那么他可能事与愿违地推广了这条信息。更危险的是，熟悉度偏差会使我们更容易相信反复听到的而不是只听过一次的陈述。(3)

不对称原则（Asymetrie）

无稽之谈的优势是，它不必是真实的，这使得人们能够在很短的时间内编造大量的内容。但是，人们不可能这么快地给出一个确凿的、有来源的、有论据的解释。“反驳一个无稽之谈，需要花费比编造它多得多的时间。”（来自阿尔贝托·布兰多利尼2013年1月10日所发的推特）

我们很久以前就知道这一点了，马克·吐温说过：“真相刚穿上鞋，谎言就已经环绕地球一周了。”

下面，我们来看几个无稽之谈：

- “中国的长城是从月球上能看见的唯一人类建筑”。

这是一个极好的无稽之谈，它既无害又震撼人心，在谈话中很容易出现。

◉“地球是平的”。这个无稽之谈的效果就没那么好了，因为说出来可能会招致反驳，甚至是嘲笑，因此，它代表了一种较低的社会期望值。

◉“疫苗会导致孤独症”。这是一个很煽情的无稽之谈，往往与一些逸事或有过此类经历的家庭故事相关，从而引起他人的同情。因此，每个人都可能认为自己有必要传播这个无稽之谈，从而帮助孩子规避潜在的危险。人们往往会出于善意传播虚假信息，甚至是最危险的虚假信息。

我们总结一下NARA模型：

◉ 叙事原则：无稽之谈往往是一个可以讲述的精彩故事。

◉ 吸引原则：流传的无稽之谈总是会取悦某些人，而真相却不一定如此。

◉ 回弹原则：无稽之谈盗用了我们的认知免疫系统，利用我们自己来为它辩护。

◉ 不对称原则：反驳一个无稽之谈比编造它需要更多的资源。

得益于这四条原则，无稽之谈很可能会比一条真实的信息得到更有效的传播。

无稽之谈注定会持续存在

基于上述四条原则，无稽之谈在传播上具有优势。一条信息可能在合适的“大脑过滤器”启动之前就变成病毒了。因此，2015年1月7日，我们看到，仅仅用了几个小时，社交网络上关于《查理周刊》的袭击者[1]的汽车后视镜颜色的猜测就已经达到了几千条。更有甚者，2019年10月17日，《职业女性》杂志转载了格扎维埃·杜邦·德·利格内斯（Xavier Dupont de Ligonnès，2011年失踪）被捕的虚假公告，而后自然受到谴责。

研究人类习惯的学者们得出结论，虚假内容（谣言[2]和传闻[3]）在推特（或许还有其他数字社交网络）上的平均传播速度和“距离”是真实消息的6倍[(4)]。在网络上，无稽之谈比真实的故事更有效，无论其内容是关于什么领域的——商业、恐怖主义、战争、科技、娱乐等，都是如此，但最为突出的是政治领域。虚假消息在推特上的平均转发率是可靠信息

1 2015年1月7日，《查理周刊》编辑部遭到武装袭击，造成12人死亡。——编者注

2 通过互联网传播的、虚假的、过时的或无法证实的信息。——原书注

3 被传播并在传播过程中被改变且无人知道来源的消息。——原书注

的70倍，该数据源于2018年的一个研究报告，其作者指出，这样的结果并不是由大数据技术造成的，而是完全归因于我们的行为，可能与人类的本性有关。

内容审查制度无法改善这一令人悲哀的现象。任何形式的审查制度似乎都承认，无稽之谈会使权力和既定秩序处于尴尬的境地，而审查只会使被禁止的陈述变得更加诱人。

无论是希望迅速阻止无稽之谈的流传，还是希望能够不惜一切代价建立万无一失的过滤器，以确保大众不会接收到病毒一样的信息，都是幻想。事实上，我们从未停止接收五花八门的宣传广告、谎言和有关危险的意识形态的故事。我们应该正视这种现象，否则，一旦这种现象蔓延并成为非国家意识形态的武器，无稽之谈、废话和危险的意识形态会继续伤害公众。

信任的需要

人类是一个特别社会化的物种，因此，在政治谴责、汹涌的诉求、粗暴的镇压和日常的抱怨中，我们可能很容易忘记这个事实。但是，在我们这个星球的物种中，智人被证实特别擅长救助同类，并给予帮助与信任。我们可以做得更好，这是显而易见的。但是我们不要因为这个特点同时也是无稽之谈的沃土而消灭它，因为你无法让一个没有人付出信任的物种的成员们相信什么大事。

信任是一种进化策略。我们表现出信任的能力，是因为这种能力所包含的遗传决定因素有利于我们祖先的存活和繁衍。先验地信任同类会改善我们的境遇，前提是我们有记忆能力，即当一个谎言被说出来时，我们会记住它，这样就不会第二次受骗。如果一个人不信任他人或因为自己无法证实而不相信别人说的任何话，那么他就错过了信任（值得信任的人）带来的好处。而且，他也丧失了学会分辨可靠来源的机会。这种完全怀疑的策略违背了人类的本性：孩子相信父母告诉他的任何事情，这是一种很好的天赋，因为这样他们就可以避免遭遇很多危险；听从朋友的建议，可使我们少犯许多错误；相信老师的话，可使我们学到许多有用的东西（只要我们不要以为自己掌握了绝对真理就行）；我们承认专业人士具备我们不知道的专业知识，而且相信他们的诊断以及其提出的解决方案。在付出信任时，我们也在学习如何确定怀疑的程度。除此之外，我们不知道还有什么别的做法能使人类社会发展至今并避开这一策略，这很难想象。

然而，如果社会生活迫使我们付出信任——通常是对同类的信任，我们一定会看到，什么都不能避免自己时不时地成为骗子、说谎者、诈骗犯和花言巧语者的受害者。我们永远不知道该如何摆脱无稽之谈，就像无法摆脱那些视错觉或仓促的判断一样。我们在无稽之谈面前的脆弱性是人类进化的衍生品，但这并不意味着我们应该放弃减少无稽之谈产生的负面影响。

意识到影响我们判断和选择（且我们无法回避）的那些生理、心理和社会学机制，是重新控制这些现象的最好办法之一。事实上，如果一个人自以为完全不受他人影响，能够自主决定其选择和观点，那操纵他就没那么容易了。我们很想否认自身受这些机制的影响，因为它们偷走了我们的自由决断力——这是大逆不道的罪行。但是，否认现实，会使我们任由那些懂得利用这些机制和走捷径的人愚弄。

抵抗无稽之谈的第一条（也是最后一条）防线既不在法律中，也不在媒体和社交网络中，而在我们的头脑中，在我们的自我批评、抵抗无意识行为和怀疑自身确信之事的能力中。在不完全抛弃直觉的同时，我们应学会谨慎地相信自己对世界的第一感觉和瞬间判断，因为情绪往往会给出错误的建议[5]。我们也可以改变查询、评论和分享一些信息的方式，并加强对轻信的抵抗力和求证的主动性。

2

我们通过一些过滤器[1]来感知世界

“人类只要发现哪儿有一丁点儿的秩序，就会立刻猜想那儿的秩序太多了。”

——弗朗西斯·培根（Francis Bacon）《新工具》（*Novum organum*），1620 年[2]

1　本书中的过滤器指认知过滤器，在我们的海量的无意识感官知觉与有限的意识之间存在一个认知过滤器，它依照某些原则，使一些信息进入我们的意识，同时过滤掉其余的信息。——编者注

2　这句引言流传的内容与原文不同，原文是：“人类的理解力，因其自然构成，太过倾向于猜测所有事物都具有比它的实际情况更多的一致性、秩序性和规律性……”——原书注

人类个体由各种信息单位构成，我们一直在囫囵吞枣地吸收各种生理刺激并分析它们，以求理解这个世界。所有动物都是这样做的，但我们已经达到了极其精细的水平，因此人类在技术、艺术和科学上获得了一些在自然界无可匹敌的功勋。这种辨别能力，是构成大脑用于理解世界的密文读写板[1]的基础。

我们如此擅长使用密文读写板，以至于有时候会过于“热心”。要证明这一点，只需要看一看某些人在林肯和肯尼迪两位总统的生平中找到的奇特巧合就行了：他们的姓都有七个字母；刺杀他们的人的姓都是十五个字母；他们都在一个星期五因后脑中枪死亡；林肯是在福特剧院遇刺的，肯尼迪死在福特工厂制造的一辆林肯牌轿车上；他们的继任者都在他们死后第十年去世，而且都姓约翰逊；林肯死前一周在马里兰州的梦露县，而肯尼迪死前一周正在与玛丽莲·梦露热恋[2]……我们会认为，这些巧合似乎隐藏了一个秘密，因而我们的第一反应就是为其寻找一个解释。

---

1 密文读写板，法语原文为“grille de lectare”，法语俗语，指由浅入深地分析、解释一个话题的方法。——编者注

2 不过，这个美得不真实的巧合实际上是假的。原因是：玛丽莲·梦露比约翰·肯尼迪早一年多去世，而且马里兰州没有一个叫梦露县的地方。所以说，还是有必要读一读脚注的。——原书注

但其实，要列出两个人之间的巧合很容易，只需在数不清的信息中选择某些数据，同时忽略那些数量庞大的没有任何关联的数据。以同样的方式，我们把那些没有因果关系但往往可以被赋予灵性解释的巧合称作“同步性”。

这没什么可惊讶的：每当我们成功地为模糊或复杂的信号找到意义时，内心就会感到满足，因为我们喜欢理解。我们如此喜欢理解，以至于有些过度，进而解读过度。于是，有一些人通过鸟的内脏、咖啡的渣滓、星宿的位置或抽出的几张塔罗牌来预言未来。尽管这些解读是基于一些没有内在意义的信息得出的，但相信其真实性的人会感到一种满足，因为他们认为自己隐约窥见了别人看不到的隐藏意义，这使他们有了某种能够更多一点控制自己生活的感觉。这种解读在对任何形式的反驳完全免疫时效果更好，只要相信它的人愿意相信，它就始终是真的，“同步性”就是指这种情况。

人们普遍错误地认为自己能看见某个并不存在的东西。这种现象有一个类似希腊女神的名字——“apophénie”（幻想性错觉），是指从实际上只是随机发出的噪声中识别出形态、总结出含义的能力。

错误的继承

为了理解这种非常常见的能力由何而来，我们要沿着自己的谱系树再往上爬几十万甚至几百万代。让我们回到1亿年前，在这个时期，我们在进化谱系树上[1]是以生活在树上的哺乳动物的形式出现的，这些哺乳动物也是未来的啮齿动物（如兔子和鼯鼠）的祖先，它们应该貌似始祖兽，长约12厘米，重约25克。从远处看，外行可能会把它们与老鼠搞混。在一个恐龙称霸的世界里，它们算是身材极短小的动物了。

然而，它们拥有哺乳动物的大脑，并且会把这种大脑遗传给后代。这与其周围的大多数物种不同，它们的后代在1亿年后仍拥有这种大脑！进化之所以成功，是因为进化不是偶然发生的，而是经由自然选择的。这些小巧的祖先拥有一些特征，这使它们具备决定性的生存优势，它们的大脑的进化与这些优势有关，因而大脑首先是一个生存器官，然后才是思考工具。让我们再进一步看看，我们继承的大脑从那个远

1　进化谱系树由德国动物学家恩斯特·海克尔（Ernst Haeckel）提出，他把已知的动植物按进化关系编排成一个树状系统，即进化谱系树。该系统较好地体现了生物的亲缘关系。——编者注

古时代开始，是如何对我们的世代繁衍做出贡献的。

为此，请想象你是一只小动物，生活在一个到处都是危险生物的世界中。当你正在静静地梳毛时，近处一丛灌木中发出的声响吸引了你的注意力。有两种可能性：或许有危险，或许没有。那里可能有一个伺机跳出的捕食者，或者只是一阵风刮过。这两种可能性会使你产生不同的反应。如果真的有一个捕食者在那里，说明生命受到威胁，你必须迅速做出反应。亲爱的读者，你本人仍然存在，那是因为你的祖先成功地从出其不意的捕食者的爪下逃脱了，它们能够辨认出危险，并把这种能力传给了你。

你这样的小动物正面临着参与科学家所说的“假设检验”，请回答这个问题：你察觉到的危险是真的吗？

如果你犯了“第一类错误”（假阳性错误），即错误地肯定，那你会在没有危险的时候认为有危险，然后，你逃跑了，同时感受到强烈的紧张。这次错误的代价仅止于此。

所谓的“第二类错误”是假阴性错误，即错误地否定。你未能辨认出实际存在的危险，如果的确很危险的话，你将不再有机会犯同一类错误了——你的基因被淘汰了，而那些没有犯此类错误的动物的基因因此得益。

随着世代更迭，几百万年以来，大自然淘汰了那些倾向于犯第二类错误的个体，而我们的幸存是自然和生物逻辑长期作用的结果。这一极其简单的机制，对于在进化谱系树上将察觉和识别环境中的各种形态的能力固定下来，且有深远的影响。

因此，只有当我们为了某个可能并不存在的东西而去审视自己的大脑时，幻想性错觉才是一种缺陷。大脑不是为了以纯理性的方式来思考而生的，也不是为了进行统计或实践科学怀疑主义而生的，而是为了让一些过去被证明有利于个体生存的行为来引导我们现在的行为而生的。因此，我们会幻想一些不存在的事物，这并不是一种机能障碍，而是人类在进化过程中为了避免危险而掌握的一张王牌……除非现实世界布下了新的陷阱，更加有害、更加危险，我们的大脑能力不足，无法识别，只好愉快地甚至自愿愉快地落入其中。

永久的幻觉

应该没有任何人会想到在走廊里遇见一只长颈鹿，或在停车场里看见一艘邮轮。我们对周围环境的感知当然不会错到如此地步，以至于以为看见了这种事。然而，我们有可能经常混淆一些不那么令人震惊的事物。例如，落在背上的一片树叶吓了我们一跳，因为我们以为有一只蜘蛛爬到了身上（而它实际并不在那里）。我们每个人都可能某一天在马路上以为遇见了一个朋友，或者以为听见了某个亲友的声音，后来才发现自己搞错了。

发生这种事情是因为我们习惯了遇到某一类刺激（而另一些刺激对我们而言却是完全陌生的）。因此，大脑时刻准备着、调整着，以便更快地对一些熟悉的情况做出反应。这就是所谓的“曝光效应”。若我们已经接触过某些刺激（物体、声音、情境、主题），那么在这些刺激不存在时产生感知到它们的幻觉的可能性就会增加。我们过往的经验塑造了一种以二元模式运行的储存着预先设置好的多种概念的密文读写板：恰当的刺激会立即激活这些概念中的一个，从而引发一种合适的行为。有时，一种模糊、与某种概念相关的刺激会错误地激活该概念，在一秒钟内，我们以为自己察觉到某个东西了。然而，这种感觉太短暂了，以至于我们没能意识到它的本质。

让我们想一想那些视错觉，它们是一些模棱两可的信号，特别有趣。例如，看到“魔鬼的叉子”这幅画（见下页图），我们的大脑中就会出现一个有两个分支的物体的三维视觉……但它也可能是一个有三个分支的物体。不过，我们无法同时看见这两种物体，而且，实际上，画中画的并不是这二者之一。我们甚至很难看到这幅画的本来面目，因为在我们的过往记忆中，压根不存在任何能使我们回应此类刺激的经验。

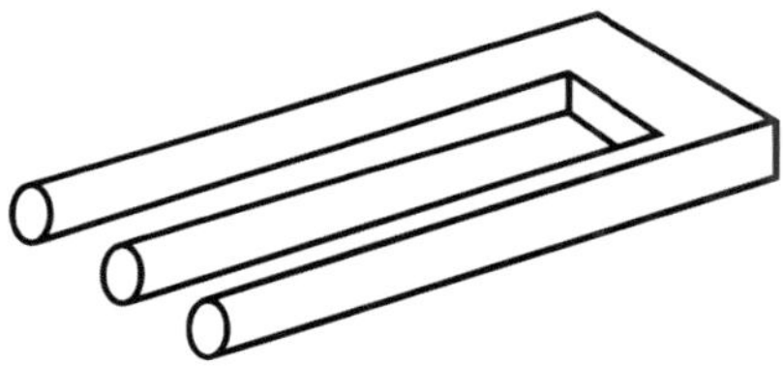

“魔鬼的叉子”是一个不可能存在的物体，但这是一幅真实存在的画

尽管这种感觉是错的，但它即使消失了，仍会继续强化我们对某件事、某种处境或某个人的评价，这会很麻烦，因为偏颇的判断可能导致我们采取不合适的行为。

我们感觉到的是自身希望感觉到的。如果前一天晚上电视上播放了一个谈论不明飞行物的节目，第二天，会有更多人宣称自己见到了不明飞行物。一些基督教徒相信自己在吐司面包上看到了圣母玛利亚的脸，或者在水迹中看到了耶稣的脸。同样，自恋者过分相信别人会渴望和仰慕他们，而被害妄想症患者如果发现车上有一道划痕，就会想象自己是被害目标。至于那些相信一些神秘团体企图操纵自己的人，则很容易被他人操纵。如果假设得到确认，人们就更容易犯这些错误，这是一种影响着所有人的认知偏差，使我们无意识地忽略那些批驳偏差的事实。这些误解可能以自证预言的形式出现。比如，如果我们自认为被某人讨厌，就可能会在他面前感到不自在，从而又招致他的不喜欢。

回形针或别针

我们已经说过，大脑中包含等待被刺激激活的一系列概念。因此，当我们以为自己意识到了周围的那些物体时，实际上是意识到了这些物体的概念。当然，物体就在那里，无论我们以为自己看见了什么。我们有时候会混淆回形针与别针的概念，当我们察觉到这个错误时，发生变化的其实是我们意识中的事实（而非事实本身）。

头脑这个活存储器所存储的一系列概念是动态的，随着我们的经历不断更新。然而，有些概念是恒定不变的，最常见的，就是我们遇到的物体大部分都是完整的。我们不会只穿着一只衬衣袖子和三分之一条裤子，提着半个手提包，登上半节火车，尽管这可能是我们看见的全部情形。我们的理智会填补那些"空白"。当我们阅读到此页时，并不会认为书的后面是空白的。看不见身后的东西，但我们不会认为背后空无一物，因为我们会用从现实经验中推理出的东西填补没有直接看到的东西。

更糟的是，当眼睛掠过这几行字时，我们的理智却在“幻想”眼睛实际没在看的文字，也就是说，我们理解了许多文字，即使没有直接读到它们。

从一些迹象、片面的或短暂的感觉出发，我们推断出一些人或物的存在，因为感知到的现实始终是一种被归纳出的概念：听见一声狗吠，是因为有一只狗；如果有汽车声，是因为一辆汽车随之而来；矮树丛中露出野猪头，那说明整头野猪也一定在那里。尽管只看到物体的一部分，认知捷径却会使我们得出完整的物体也在那里的结论，甚至更进一步：我们完全相信自己看见了整个物体。事实上，这的确是我们获得的感知，因为我们看不见理智的背后发生了什么。因此，我们能够发现没有看见的东西，并以为发现了一些并不真实存在或我们没有真正感觉到形态的东西。但是，还有更令人惊讶的。

看不见的世界

我们是灵长类动物，因此，在人脸识别方面具有令人惊愕的能力，我们能够分辨熟人与（具有潜在危险的）陌生人，并能够通过面部表情理解他人或被他人理解。我们甚至变成了“探测”人脸的专家，大脑中的人脸图像会在并未真的看到人脸的情况下被激活。我们能够在几乎任何地方轻易“看见”人脸，包括在非常粗略的图像中。这就会出现空想性错视——一种视错觉，它使我们能在没有任何东西的地方“看见”某个东西，或者在噪声中“认出”一个信号。我们都有过这种经历，一张脸突然出现（在一片云中，在一堵墙上，在树皮、水果、房子、岩石、家电、家具、一堆书，或者一处风景上……），而且它往往与情绪相连：快乐、恐惧、愤怒或惊讶。我们清楚地知道，当切成两半的红柿子椒给人怒吼的感觉时，它仍然是一个没有任何感情的水果。但是，我们的大脑从中辨别出了一种情绪，因为追问意图，尤其是与情绪相关的意图，是灵长类动物的一项生死攸关的任务。

与猿、几种大型哺乳动物（如海豚、象）、某些鸟（尤其是鸦科），可能还有其他社会性动物一样，我们的大脑中有能够了解他人心理状态的必要装备：所谓的“心理理论[1]”。而正是这种区分物理实体与抽象的精神实体的能力，为我们

1 广义上是指关于心理的各种知识，狭义上是指一种抽象的、连贯的、可解释因果关系的系统。此处取其狭义，意为个体对他人心理状态及其与他人行为关系的推理或认知。——编者注

打开了看不见的真实世界的大门。

我们每天都在“看见”看不见的世界。因为首先，人类的形态识别模块超级敏感。其次，我们对生活其中的世界形成的心理表征[1]是以最常被刺激激活的那些概念为中心的，这使我们更容易“看见”它们。最后，每当与一个同类互动时，我们都会对一些抽象的概念做出反应，这些抽象概念指对方的意图、需求和表现。

大脑的基本运转足以使我们在随机数据组中觉察到一些信号，确认某些现象并不存在——这些现象正是因为对真实的错误解读而出现的。所有成分汇集在一起：幻想性错觉、曝光效应和心理理论，从而产生了大部分超自然信仰和阴谋论中的强烈的密探错觉[2]。

因此，神秘现象的难以置信的证言有那么多，就不足为奇了。反过来说，鉴于我们拥有利于生存的大脑，没有这些证言才是一个奇迹。

1　心理表征指信息或知识在心理活动中的表现和记载的方式。表征是客观事物在大脑中的再现，也是被心理活动再加工的对象。——编者注

2　见第7章中“房间里有个密探吗？”一节。——原书注

3

我们的世界如此个性化

这一章的灵感来自我与搭档弗莱德·塔帕（Vled Tapas）的一场关于“Umwelt”[1]（德语，意为“环境”，指客观世界）的讨论，他与我一起主持《偏见》（*La Tronche en Biais*）这个节目。你将看到以对话形式呈现的这场讨论的记录，与《当我们有偏见时》（*Quand est-ce qu'on biaise*）[2]一书中的几章的形式一样。弗莱德代表谨慎的怀疑派学者，而门达克斯则是质疑者。

门达克斯：你总是说必须怀疑，就好像怀疑本身就是目的。

弗莱德：不，怀疑只是一个工具，门达克斯，它使我们避免在错误的观点上止步不前。

门达克斯：有没有一些事情是不应该怀疑的？

弗莱德：我认为没有人能回答这个问题，这正是怀疑的全部用处。

门达克斯：这听上去像是托词。

弗莱德：好吧，让我们来一起怀疑一下，看看它会把我们带向何方。

门达克斯：同意。

弗莱德：让我们从对世界的感知与表达开始。我们每个人都在想象一个属于自己的世界，每个人都是自己的故事中的主角。

门达克斯：就是说，我在自己的人生故事中是第一主角？这让我很开心，因为我之前还不确定自己是否是演员之一。

弗莱德：我们来测试一下我们看待自己的感觉的方式吧，就用哲学史中最基本的问题。

门达克斯：如果这不超出本章的主题的话，乐意奉陪。

弗莱德：森林中倒下了一棵树，如果没有人在场听到它倒下，那么它是否发出了声音？

门达克斯：这是哲学史中的基本问题？

弗莱德：最基本的问题往往看上去很简单，诸如“我是谁？”“为什么有某个东西而不是什么也没有？”“美是什么？”“生命的意义是什么？”

门达克斯：但是你更愿意讨论一棵倒下的树……

弗莱德：是的，或许应该从研究这个问题中的词语开始，你来试试。

门达克斯：好的，让我们从一棵树开始。所有人都知道一棵树是什么——显然是种子植物中的一种，它有维管形成层，即一种二级分生组织，可以让树干的直径增大并产出木材。并且，如果它的高度超过六米的话，树干也是显著特征，能成为其定义中的元素之一。除非根据某些资料，树干高度应为七米，或者五米……实际上，没有关于树的系统性定义。

弗莱德：啊……

门达克斯：比如，棕榈树看上去像树。

弗莱德：是的，它是一棵树，我们可以承认……

门达克斯：但是它没有树干！

弗莱德：那又怎样？

门达克斯：哦，不，它的树干实际上是不分枝的直立茎干，没有形成层，因此没有木质。

弗莱德：好吧。

门达克斯：因此，植物学家认为，棕榈树是一种竹子，而不是树。但有的人仍然称它为“树”。

弗莱德：你正在告诉我人们不知道如何定义一棵树吗？

门达克斯：这是科学的工作，先生！

弗莱德：而且，这是好的趋向，或许，我们已经可以说这个问题并不那么简单了。

门达克斯：那么，你知道如何定义一种声音吗？

弗莱德：声音是机械振动在流体中、特别是在空气中的移动。这是一种以波的形式传播的压力变化。根据振动频率，我们会听出一个声音是低沉还是尖锐的，而这正是这个问题的重点。如果一棵树在我身旁倒下，就在那里，就在我跟你说话的同时，那么这对我来说就代表着一棵树倒下的声音。但是，如果它在没有人能听见的地方倒下，那就是另一个故事了。因为最终，声音是人们能听见的，其概念只有在接收者存在时才有意义。

门达克斯：是接收者制造了声音吗？

弗莱德：这个……

门达克斯：是我的耳朵制造了声音吗？

弗莱德：等等，让我们用香水举例，一个东西本身并不是香或者臭的。

门达克斯：比如，一具完全腐烂的尸体，对于专吃动物腐尸的猛禽来说，散发的是诱人的香味？

弗莱德：极好的例子，而对我们人类来说，鲜花才更香。

门达克斯：大王花除外！它可不是什么普通的花，而是世界上最大的花。它散发出一种淡淡的腐肉的味道，蝇类极为喜爱，并成为其传粉者。人们还给这种花起了一个带有感情色彩的名字——“尸花”。

弗莱德：你的补充非常棒！是的，大王花的味道使蝇类陶醉，这也透露了关于我们的感觉和所谓的“环境”的一些信息。

雅各布·约翰·冯·尤克斯库尔（Jakob Johann von Uexküll），德国生物学家，动物行为研究方面的先锋，曾用“Umwelt”来指称专属于一个物种或一个人的感觉环境，有时也被称为“自己的世界”。这个观点认为，每个生物物种都生活在主观世界中，同时只接收环境的一部分刺激，并以特别的方式解读这些刺激。

门达克斯：智人生活在与其他物种不同的环境里吗？

弗莱德：是的，这正是我刚才说的。

门达克斯：他们听见的声音与大象听见的不同，看见的颜色与鳟鱼看见的不同，对体积大小的认识与鹰认识的不同。他们对电场、磁场和光照的感觉，也与鲨鱼、北极燕鸥、天竺葵所感受到的不同。还有，他们看见的红外线，也与蝰蛇所看见的不同。而且，严格来讲，他们没有任何方法知道变成一只蝙蝠会怎么样。

弗莱德：我们生活在自身心理建构的内在世界中——从生物角度讲，我们与它相连，从结构角度讲，我们被它包裹着。这就是一个“环境”。

门达克斯：正因如此，树会发出声音吗？

弗莱德：等等，我们还没有说到那里。我们刚刚说到，不同物种之间对世界的感知存在一个不可逾越的差距，并且，这种差异在不同的人之间也以某种方式部分存在。根据过往的经验，我们并不会以完全相同的方式来解读周围环境中的要素。

门达克斯：当然。如果正在浏览这几行字的读者是一位出版界的专家，那么他会评估纸张的质量和墨水的质量，会对排版提出意见，会辨别出书页的装订方法，或许还能辨别出所用的印刷机的型号[1]。在这样一位专家的眼中，这本书展示了一大堆普通读者完全看不出来的信息。

弗莱德：我们无法感觉到周围环境的所有刺激，也没有意识到自己的身体正在接收和解读所有刺激，同样没有意识到我们事先设定好且永远在更新的密文读写板的存在。我们感受周围环境的方式，是大脑进行的一连串计算的结果，但我们没有意识到这些计算过程，也没有任何方法来直接观察到。

门达克斯：感知到事物，的确有许多种不同的方式。但是，如果再加上使我们的感知出现偏差的所有

1　如果他在电脑上看到这段文字，他那高明的鉴定会立刻变得不那么确切，唉。——原书注

因素，那么，没有任何两个人能听见、看见、感受到完全相同的东西。

弗莱德：那棵倒下的树对于所有人来说并不代表同一个东西，这就是原因。

门达克斯：啊，同意。但是，如果那棵树倒下了，那么它就是倒下了，不是吗？这的确是一棵树吗？它的确倒下了吗？

弗莱德：我愿意承认这一点，因为我接受“真实世界是存在的”这一基本观点。

门达克斯：这么说就好像你很大方似的……

弗莱德：我只是说得更明确一点，毕竟，人们可能会怀疑它。

门达克斯：人们会怀疑世界是真实存在的吗？

弗莱德：这是某些人维护的一种玄学观点。根据唯我论，对于思想主体而言，除了它本身的存在，没有任何其他确定的现实。

门达克斯：这不是那些繁衍后代的人说的吧？

弗莱德：我不知道，但假设世界真实存在更简单、更明智，你同意吗？

门达克斯：是的，我同意，否则读者买这本书就花了冤枉钱。

弗莱德：如果真实的世界存在，那么它对所有人都是一样的。我们从个人角度和集体角度出发，都需要掌握关于它的最准确的信息，以便做出可能影响自身生存的恰当决定。

门达克斯：我很想说，只要睁开眼睛看一看周围，大家就能就世界的状态和它的运行方式达成共识。但是，我感觉你会认为这很傻。

弗莱德：你的洞察力让人尊敬，门达克斯，因为实际上，事情比这要复杂得多，证据是，人类花了很长时间才就物体倒下的方式达成一致。

门达克斯：比如树！

弗莱德：人类花了几个世纪才建立了模型，以解释物质是如何运动的。方法就是逐个检验它们——这就是科学。科学之所以出现得这么晚，是因为它违背了我们的直觉和我们对事物的自然感知。

门达克斯：我没感觉到科学违背了我的感知……

弗莱德：然而，如果用一种中立的眼光来打量周围，那么我会发现以下事情：

◉ 太阳绕着地球转。

◉ 地球是平的。

◉ 质量大、密度高的物体比其他物体下落得更快。

◉ 物种不会变化，如狗不会变成猫。

◉ 物质是连续的，比如，一个玻璃球当然不会大部分是“空的”。

◉ 事情不是偶然发生的——不义之财难安享。

这就是我从主观经验中得出的观点。像所有人一样，我是“自身环境”[1]的体验者。所有这一切对我来说都是真的，但这不一定是客观世界的真相。批判性思维就是指采取措施，在我的心理表征和现实之间拉开距离。

门达克斯：你谈到了自己成为“自身环境”的体验者。那么，我想问问濒死体验[2]这种感知是真的吗？

弗莱德：濒死体验对于见证过它的人而言是真实的，我们无法合理地否定他人的经历，也不能认定他们在天花乱坠地吹牛……相反，也许他们自己也不知道这些经历是否符合事实。为此，我们应使用一个可靠的方法来描述真实世界。

门达克斯：你想说他们不知道自己经历了什么？

1　我们也可以选择“现象”来代替“自身环境”，美国语言符号学家查尔斯·桑德斯·皮尔士（Charles Sanders Peirce，1839—1914）把现象定义为“一切以任何方式或在任何意义上出现在头脑中的东西，无论它是否真实存在”。——原书注

2　濒死体验，一般是指人在濒临死亡的状态下的一系列特殊心理体验。产生濒死体验的人会感觉自己离开了身体，以旁观者的身份看到自己的身体与周围的环境，还会回顾自己的一生。——编者注

弗莱德：他们比任何人都清楚自己是如何回忆起所经历的事情的，但事实上，如果所有人都如此频繁地搞错几乎所有事情，那么如何确定他们是对的呢？“环境”的概念提醒我们，感知是一种行为，任何人都无法接触到天然的、正确的、客观的现实。

门达克斯：有人会说，人类的思想主体位于某种有机海绵中，而这块海绵又被封闭在一个颅腔内，它的分支有效地连通着有限的感觉接收器，这应该会使任何人变得虚心受教。

弗莱德：因为这些有限的感觉能力，人类被迫把感觉到的一大部分事物变成错觉，这就是容易产生这些局限性的视错觉的原因。加之那些我们只部分理解的观点属于我们对世界的心理表征，因此我们的很多判断只能是模糊的。

门达克斯：那么你呢？你肯定吗？还是你的判断是模糊的？

弗莱德：我并不是在胡说八道，这个观点基于一些研究成果[3]。例如，人们知道抽水马桶的水箱是什么。但是，如果被要求用一幅示意图来解释它的工作原理，人们就会意识到自己实际上并不了解它是如何工作的。对于一辆自行车、一个肺、议会颁布的一条法令或者一棵树，也是同样的道理。这就是所谓的“解释性深度错觉”。

门达克斯：给每种错觉起个名字，这让我感觉已经明白了一切，这正常吗？

弗莱德：正常，或许吧。这也是个错觉。我们的头脑中，大多数时候都装着成堆的、关于世界运行的不完整的概念，以及粗略的近似概念。我们所有人的近似概念都不相同，理论漏洞也不相同，因此我们生活的世界也略有差别，这被称为“主观性”，但不要紧。

门达克斯：也就是说我们都是对的？这是个很好的消息。

弗莱德：不，更准确地说，这说明我们都只能接触到事实的一部分，因此都或多或少是错的。

门达克斯：啊，好吧，这与我希望的正相反。

弗莱德：某些人想要相信所有人都是对的——每个人都有自己的真相，应停止对他人的假设的批评和纠正……这是认知的相对主义[1]。而相对主义的问题是，最终获胜可能的是最有毒、最有诱惑性且最符合直觉的观点。

1 相对主义认为，观点没有绝对的对与错，只有因立场不同、条件差异而产生的相对性。——编者注门达克斯：这是个问题，因为……

弗莱德：因为最有力量的、最有毒的、最诱惑人的、最符合直觉的信息并不是最真实的，例如，偏见。如果方法不对，人们最终都会或多或少相信虚假的事物。

门达克斯：比如，一棵倒下的树发出了声音，而我们认为只有自己感觉到这个声音的方式是唯一有效的。对于这种“偏见”，有解决办法吗？

弗莱德：也许有这些办法——接受那些论据最可靠的观点；避免教条主义；强迫自己在认识上谦虚一点。这种谦虚会迫使我们不去解释自己不知道的事物；不断自省我们的感知是否足够符合外部世界的现实。这是一项集体性工作。

门达克斯：我更喜欢一个真正的解决办法，一个改进我的认知能力的建议，一个提高我的智商的窍门，一种使我摆脱思想枷锁的灵丹妙药。

弗莱德：不要相信任何此类承诺，这就是解决办法，门达克斯。

门达克斯：你想用这样一个令人失望的回答来结束这一章吗？

弗莱德：就该如此。

4

我们“看见”的是不存在的因果关系

我的身旁有一朵红花，还有一只虫子在嗡嗡叫，那么，如果我的脖子疼，那就肯定要怪前一秒钟飞来飞去的这只小虫子。这种因果关系的设想，对我们而言，就像看见颜色或听见声音那么自然。

我们的眼睛会接收到各种波长的光，耳朵也会接收到各种频率的空气振动，但看见颜色和听见声音是因为大脑在工作。同样，我们的大脑根据一些事件来理解“适当的”因果关系，以便得到一个故事。而实际上，无稽之谈就是一些编造得很精彩的故事。同时，我们喜欢一下子跳到结论上，越快被触动，越愿意相信。

我们以为自己是因果关系的被动观众，但实际上，是我们的大脑基于零散的数据建立了这些完整的因果构造。我们不断得出一些推论，即周围环境的要素之间的一些因果关系，但有时候会搞错。就像我们感知到某种颜色可能只是因为被错觉愚弄了一样，我们对因果关系的理解也可能是一些显而易见却完全虚假的结论。问题是，第一眼看过去，虚假的结论看起来非常“真”。因为无意识地犯错恰恰与做得对给人的感觉相同，所以，人们都会满足于自己对世界做出的若干错误判断。因此，我们去村子里的大夫那儿看病，因为他让我们感觉每次治疗后病情都有所好转。其实，无论哪个大夫都会给我们同样的感觉。但是，这合理吗？

通常，当身体极不舒服或疼痛难忍时，我们才会去咨询医生。人体是一台极其复杂的机器，伤口能够愈合，某些疾病也能自愈，所以，我们的大部分病痛仅通过身体自己的修复活动即可痊愈。因此，症状从到达极限、难以忍受那一刻开始减轻，是完全顺理成章的。或许，当我们决定去看病时，身体其实已经开始好转了。但是，我们的大脑很喜欢建立一些联系并想象自己已经理解这些联系了。在这种情况下，人们会犯一种被称作“*hoc ergo propter hoc*”（拉丁语，译为后发者因之而发）的逻辑错误，有时它被翻译为“鹳效应”，是指即使婴儿是在鹳回来以后出生的，也并不能说明是它们带来了婴儿。这种错误的思维方式也被称为“虚幻相关性”。

在我们的大脑中、我们的历史中、我们的媒体中，有数不清的相关例子。让我们以2012年10月12日的报纸《20分钟》（*20 Minutes*）上的一篇文章为例，它的题目是《要想获得诺贝尔奖，请吃巧克力》，后面还跟着以下颇具吸引力的话：“怪事，一项科学研究表明，一个国家的巧克力消费数量，与其诺贝尔奖得奖人数有关……”从这篇文章的第一段起，我们就在浑水中航行：“巧克力显然具有一些意想不到的功效。根据美国的一项研究，巧克力消费最多的国家也是诺贝尔奖得奖人数最多的国家。可可或许会刺激智力，有利于激发物理、化学或经济领域的小天才。”

我们得承认，这是一个精彩的故事，但应克制自己，抵抗其诱惑。因为实际上，并没有科学数据指出巧克力对智力有积极的促进效果，只不过是某个国家的巧克力消费数量和诺贝尔奖得奖人数之间存在一种相关性。乏味的、令人失望的事实如下：富裕国家的人更有可能消费巧克力这种奢侈品，并有钱上好大学，一些待遇优厚的研究人员在这些国家工作，一些家庭富裕的或得到奖学金的学生在这里学习，这有利于他们获得科学奖项。这一现象背后的真正原因是经济实力和教育，谈论“意想不到的功效”是无用的。

在这篇文章的结尾这名记者给出了一个更诚实的注解，表明其本来可以不写得那么耸人听闻。这名记者提出了一些假设，“这种相关性（尽管有点随机性）重新引起了人们对于巧克力功效的关注：巧克力所含有的黄酮类化合物可能对智力有积极的作用。但是，其他参数也会发挥作用，特别是生活水平。生活水平越高，人们越有机会接受教育……并吃到巧克力。”

人们可能会指责这名记者，但是也应该承认，主持这项研究的专业人士提出的假设本身就很轻率——巧克力中的黄酮类化合物可能对大脑有好处，或许，他的研究根本没有检验过这个假设[1]！我们不得不承认，研究人员和记者越是默契地缺乏谨慎性（甚至职业道德），相关的研究成果越会吸引关注，这有些令人悲哀。人们肯定能在诸如《观点》（*Le Point*）、《费加罗》（*Le Figaro*）、《快报》（*L'Express*）、《巴黎人报》（*Le Parisien*）和BF-MTV电视台（法国全天候新闻播报电视台）等媒体上找到同样的信息处理方式。《世界报》（*Le Monde*）甚至认为，可以提出以下的假设："这可能是因为智力较高的群体知道巧克力对健康的好处，因此吃得更多。"[2]他们真敢说啊！

几个月后，比利时的三位研究人员发表了一项研究，推翻了上述不谨慎的解释[3]。人们对这件事的议论少多了，但这个无稽之谈却在人们心中更根深蒂固了。

虚幻相关性的概念来自1967年查普曼夫妇发表的论文，他们用心理学家评估精神疾病症状的方法阐明了一些严重偏差[4]。查普曼夫妇让一些心理学专业的大学生和心理医生查看精神病患者自己画的人像，并推测和简述这些患者的具体症状，比如"患者患有阳痿（或是偏执狂）"。这些大学生和心理医生判断，那些把人的肩膀画得更宽、肌肉组织画得更发达的患者患有性功能障碍；而偏执狂患者的画上，人的眼睛似乎更大……其实，这些人像画是查普曼夫妇随机找来的。

受试者们心中有一套患者应该画什么的朴素理论，因此，他们从画中“看见”了诊断结论与这些画之间并不存在的一种关系。

查普曼夫妇之所以做这个实验，是因为当时的临床医生认为通过让患者画人像画可以推测出患者的精神疾病，如偏执狂、抑郁症等。很多理论完全不可信，但却被持续到处使用……

抗生素会使人乏力吗？毕竟很多人都这么说。事实比这更加微妙，因为我们吃抗生素时感到的乏力实际上与我们吃抗生素的原因相同：生病了！细菌感染会使人乏力，医生会因此开出使用抗生素的处方。我们因此经常遇到乏力和吃药同时发生的情况，这会使我们“看见”这二者之间有点扭曲的因果关系。尽管这种说法根深蒂固，但抗生素并不会使人乏力(5)。

在一所小学里，研究人员采用短时间听写单词的方式来比较孩子们的拼写成绩。与此同时，他们还对这些学生进行了一整套测试，目的是确定拼写水平是否与一项或多项其他特征相关。最终发现，错误个数与学生们的脚的尺寸呈负相关。不谨慎的分析会使我们得出结论，长着一双大脚使人具有更强的拼写能力——我们自然应该抵制此类解读。实际上，这件事背后隐藏着一个混淆变量，即年龄，一年级的学生犯错率高于五年级的学生，而且他们的脚也比五年级的小。我得承认，这个例子是编出来的，但如果是真的，我们或许也会得出这样的结果，而忽视了学生的年龄始终是一个真实的混淆变量。我们应该养成习惯，问问自己在分析中可能忘记了哪个混淆变量，这会使我们避免一些错误判断。

我们想在隐藏着虚幻相关性的地方识别出正确的因

果关系，这造成了很多错误，本书不足以囊括。我们或许永远无法真正治愈这种认知缺陷，因为人类总是喜欢猜测或怀疑存在一些隐藏的意图、隐蔽的陷阱、迫近的危险，这种对环境的过度解读已经变成了人类思维的一部分。

这并不是说我们对此无能为力：我们能够学会抵制自己的无意识行为，克制急于下结论的渴望；能够学会怀疑本能反应，同时重视自我批评和发现错误。这是一项巨大的工程，但是值得被期待，因为在读这本书的同时，我们已经在身体力行了！

5

证据是什么

“人类是一种容易轻信的动物，如果没有值得相信的正当理由，他们会满足于不正当的理由。”

——伯特兰·罗素（Bertrand Russell）

尽管超出了自身能力范围，但人类仍然试图理解这个无限复杂的世界，完成这项任务的不可能性没有熄灭我们尝试理解可被理解的事物的兴趣。为此，最好从评估我们已经掌握的解释的恰当性开始。大卫·休谟（David Hume）大体上是这么说的：“您给我什么理由让我相信你，而不是认为您上当了或者想让我上当？”

为了评估一个建议的可信度，我们会相信一些证据。但“相信证据”到底意味着什么？我们能证明一切吗？包括感觉和一些自认为好的意图？那些爱国者们能证明他们的祖国，比其他国家爱国者的祖国更优越吗？我们能够证明人死之后灵魂仍然存在或不存在吗？尽管无数影视作品中充斥着人濒死时，甚至死亡之后的经历的证词。有些人认为自己掌握了灵魂存在以及其在躯体死亡后变化的证据，他们所谈论的科学证据指的是一些发表在有审稿委员会的期刊上的少数文章。他们认为事情已经得到了证实。然而，这些科学文章仍然无法使那些尚未被说服的人得出同样的结论[1]。

在某些条件下，人类能够说服自己：有证据支持我的观点的真实性。我们的头脑就是这样工作的：先为自己树立一种信心，随后寻找一切可以说明我们正确的证据，这就是“有动机的推理”。因此，借助一点修辞方法，一切都可能变成从一开始就已经确定能够导出结论的证据。

但是，“证明某事”意味着什么？几个世纪以来，有些人一直试图证明上帝的存在，但都失败了。然而，他们回答不信上帝的人说，应该反过来由后者去证明上帝不存在。面对这样一种举证义务的反转，经典的回答是：证明某个事物不存在是不可能的。这个回答合情合理，但不完全正确。

让我们以尼比鲁为例。尼比鲁是苏美尔神话中存在于太阳系的一颗行星，在科学上是未知的。作家撒迦利亚・西琴（Zecharia Sitchin）有个无稽之谈——这颗（假想的）行星已经在过去多次与地球擦肩而过了[2]，3600年来，尼比鲁每次靠近地球时，都会引发巨大的灾难（恐龙灭绝、大洪水、巴别塔倒塌等）。

可尼比鲁并不存在，因为要想引起地球上的灾难，这个天体必须拥有一定的质量，并在太阳系中按照一定的轨道运行。证明尼比鲁不存在，我们不需要更多的信息了。天文学家知道一些登记在册的天体的精确质量和运行轨道，他们懂得如何计算行星之间的相互影响。

正是如此，在19世纪，天文学家就已经完全可以通过计算判断一颗行星是否存在。对1781年被发现的天王星的观测表明，它的公转轨道与科研人员测算出的理论轨道之间总是有一定差距。天文学家阿列西·布瓦尔（Alexis Bouvard）猜测，这可能是由于存在一颗仍然未知的行星。[1]

1843年，各自采用不同方法研究的两位数学家——约翰·库奇·亚当斯（John Couch Adams）和于尔班·勒威耶（Urbain Le Verrier）通过计算，推测出了这颗“假想”行星的质量、位置和轨道。尽管他们的研究有一部分是错误的，可在得知勒威耶的计算结果后，德国天文学家约翰·格弗里恩·伽勒（Johann Gottfried Galle）在1846年第一次观测到了海王星。

发现海王星的故事表明，人们也许可以证明尼比鲁的存在——如果它真的存在的话。知道了它应有的最小质量和它应足够靠近地球轨道才能对其产生巨大影响这一事实后，我们可以确定这样一颗行星的位置和轨道，也可以计算出它会对其他天体产生怎样的影响，正如我们在海王星的发现中看到的那样。然而，太阳系内部已经没有位置留给这样一颗行星了，我们的模型是稳定的，尼比鲁不具备存在的条件。

换句话说，如果我们想要相信的X现象的背后理论是一系列被称作Y的事件，那么我们可以说：“如果Y，则

1 布瓦尔根据万有引力定律，猜测天王星外侧的宇宙空间还有一颗行星，以引力干扰天王星的公转。——编者注

X。”在这种情况下，如果存在一个方法能验证Y不存在，那么我们可以确定地说X是假的。我们因此证明了尼比鲁不存在。

不可辩驳的?

我们应该学会询问周围的真实世界，并从中得到一个答案——我们所掌握的证据是否准确。

如果有人想通过一个形式上严密的逻辑推理论证一个命题，而我们无法通过比较该命题所预测的内容与我们可以在世界中观察到的事物（例如通过一个实验）来检验这个命题，那么这个命题就变得不可辩驳了。在日常用语中，说一个命题或论点不可辩驳，是强调它的强大；而在科学用语中，一个不可辩驳的命题或论点没有任何意义，因为人们不能判定它的真实性。

不可辩驳的证据也具备相同的特性。有时候，错误和不恰当的证据会被用来辩护一个正确的观点。但一个不可辩驳的证据不能证明它试图支持的假设是真的或假的。实际上，这样一个证据无法正确地辩护或反驳一个假设，因为它太没有说服力了，甚至都算不上是假的。

所以，我们在愿意相信一个假设之前，应该提供一些可以被辩驳的证据。卡尔·波普尔（Karl Popper）曾提出相关观点：一个理论的可反驳性是衡量其科学地位的有效标准。这被称为波普尔标准。

可反驳性标准是有力的，它要求我们暂且搁置对一些问题的判断——那些没有可靠答案的问题。知道没有答案，这已经是知道了点什么。

一个充满逸事的世界

让我们再回到寻找证据的问题。我们寻找的，是能够说服所有人而不只是我们自己的东西。因此证据应该是客观的，或者至少是超越主观的，即可分享的和能够被承认的，是独立于我们的政治观点、文化和个人信仰的。证词、逸事、口碑对我们来说，是一种相对可靠的日常信息来源，可以用来选择一家饭店、一部电影或一台家用电器。

我们所有人都知道龟兔赛跑的寓言故事。故事中的乌龟赢得了比赛，但这不能证明乌龟比兔子跑得快，因为，如果要得出结论，我们还需要更多的数据。然而，如果我们重复这个比赛，这种反常现象可能不会再次发生。我们应避免过度相信反常现象、奇怪的事和巧合。它们值得关注，但什么也证明不了。

除此之外，我们还很愿意相信我们信任的人讲的故事，甚至更愿意相信自己讲给自己的故事，即自己的解读。

没有什么比亲身经历和自己的感受更能影响我们的判断的了，这就是为什么某些替代医学[1]、偏方会受到很多人的追捧。

很少有人会去全自动、无人操作的修理厂修理汽车，或者想要乘坐一部由一个人工智能机器人制造的电梯。这不是没有理由的，我们认为，那些遵循常理、获得普遍认同的人更值得信赖。

事实上，最严格、最系统、最苛刻的普遍认同形式就是科学方法。人们可以批评科学，指出它的缺点，怀疑某些科学家，但找不到另外一种同样能自我批评的、高效的且完全为了纠正知识和认知模型中的错误而建立的东西。科学方法肯定是付出回报比最小，但结果可靠性无可比拟的人类活动。

只不过，人类不总是以有条理的方式去做推理。

1 替代医疗指在科学医疗之外的其他不同的治疗方式，如饮食疗法、按摩治疗等。——编者注

证据与危险[1]

风险的概念尤其如此。如今，没有人能无视那些提醒我们当心转基因产品或电磁波的言论。面对连续不断的信息流，为我们自己和孩子们的健康而担心是很正常的。我们的许多同胞生活在恐惧中，为了安心，他们要求提供能消除所有怀疑的、可靠的无害性证据。我们非常理解这些要求的动机，但它们是合理的吗？

1997年，14岁的内森·佐纳（Nathan Zohner）曾进行了一个名为“我们会轻信他人到什么程度”的科学展览项目。他声称，我们应禁用一种十分危险的化学物质——一氧化二氢（DHMO），并给出以下“科学证据”。一氧化二氢是一种比我们想象中更被广泛使用的化学品，只需很小的剂量，就可以致人死亡。DHMO的特点是：它既是一种酸，也是一种碱。人们已经在一些肿瘤和癌病变前期中发现了它，说明长时间接触它的固体形式会导致生物组织受损。可怕的是，因为核电站的大量排放，酸雨、河流和所有被检测的含水层中都有DHMO的踪影，而意外吸入致死的人数每年达数千。

1 关于“危险”的概念，见第7章“危险和风险的不确定性和感知”一节。——原书注在佐纳的循循善诱下，在场有90%的人支持禁用一氧化二氢。然而，一氢化二氧的另一个化学式是H_2O，也就是水。

这场所谓的“一氧化二氢恶作剧”说明，我们不可能“证明”水的无害性。更糟糕的是，我们刚才看到，在某些情况下，水的确非常危险。在毒理学中，人们提出了“剂量效应”这个概念——是否致毒取决于剂量多少。喝水过多，我们可能会死；喝水过少，我们肯定会死。从“很小剂量的DHMO即可致死”这个只叙述事实的观点出发，我们可以给水画一幅非常可怕的“罪犯肖像”。同样的技巧也被用在了转基因食品等的问题上，而且取得了令人生畏的成效。尤其是当问题涉及那些使我们害怕、有危险的东西时，我们可能就不再理性了。

一个证据证明了什么？

被贴上“经科学证明”的标签的事或物通常会更被人信任。在假新闻充斥、权威失信达到新高的时代，我们的社会仍然没有忘记科学的贡献。科学发现的应用有时会引起争论——关于研究项目和技术应用的政治决策引发了数不清的问题，或许，终有一天会出现一种成熟的制度对它们负起责任。科学的好的方面是：在一些总体上较少遭受暴力袭击且幸福指数相对较高的国家里，科学使我们活得更健康，更长寿。这多亏了对于所有领域的认识的进步，包括自然科学和社会科学。

但这并不意味着每个人都理解了“科学证明”的真正含义，例如，我们通常认为以下事情是已被证明了的：

- 寄居蚁有一根12节的触角。
- 火卫一[1]绕火星一圈用时7小时39分钟。
- 镉原子包含48个质子。
- 人类应对气候变化负责。
- 地球是圆的。

但是，有些人认为应该怀疑其中的某些事情，比如地球是圆的这件事。甚至存在一个地平论协会（Flat Earth Society），其位于世界各地的几百名成员认为，地球是平的。这个协会之前叫宇宙探究协会（Universal Zetetic Society），但实际上，“探究”一词与严谨的方法论并无必然的关联。在对这些地平论者的立场发表意见之前，应了解他们的证据。

证明地球是圆的有许多科学依据：北半球和南半球看到的星座不同；四季变化是地球的旋转轴倾斜于绕日轨

1 火卫一是太阳系中围绕火星运动的卫星之一。——编者注道平面的结果；还有，月食过程中能看到地球的阴影；当然，还有一些从太空拍摄的照片[3]。

然而，地平论协会的成员们认为，所有的这一切都不是可靠的证据。他们认为，照片被做了手脚，月球探测器发回的图像是在好莱坞拍摄的……这一切就是一个世界性的阴谋。他们可能会问：读者朋友，你去太空一探究竟了吗？我打赌没有（否则，你可以给我写信）。你亲自到国际空间站去了解过那里不是一个简单的电视布景吗？那么好了！看吧，“将军”，把你将死了。

在这里，怀疑被夸张了，超出了合理的范围。科学否定主义者正是以这种方式在运用怀疑。

这些证据不能说服所有人，这表明不是所有人都对同样的事件给予了同等程度的重视。一切都取决于我们的预先假定——每个人的出发点都不同。如果预先假定这是一个世界性的阴谋，那么就很难不把每个事件都解读成阴谋存在的证据。因为，如果我们在猜想一种关系成立，就总是会发现它的存在。有些固执的研究者都会在那些可以随意解释的反常现象、巧合和假象中有所收获。

人们是否同意：每个人都选择相信自己的证据并将其改编成现实版本，而无视别人想了什么、说了什么和知道什么？事实上，由于有科学方法对证据进行真正地定义，故这种想法是错误的。我强调过可反驳性的重要性：只有当一个论点可以被反驳时，人们才能对它进行证伪。这正是证据的作用，不是为了证明，而是为了反驳。

6

我们的“认知偏差”

“大脑协调着动作和欲望，这是科学思维的障碍，我们应反抗大脑的这种特性。”

——加斯东·巴什拉（Gaston Bachelard），
《科学精神的形成》（*La Formation de l'esprit scientifique*），1938年

大脑使我们能够完成极其复杂的任务，其能力难以想象……因为大脑本身就极富想象力。然而，我们所有人几乎每天都会做愚蠢的决定，即使最聪明的人，有时也未能在恰当的时候做恰当的事。

另外，智慧的人有时却不知道如何定义智慧，因为大脑在运转时不需要理解它是如何运转的。然而，我们总幻想自己是最知道大脑中发生了什么的人，就像一个司机总是错误地相信，因为他懂得驾驶，所以他一定懂车的机械构造一样。而且，因为过于自信，我们会认为自己能够理性地、符合逻辑地思考和行动，即使事实并非如此。这既不是因为愚蠢，也不是因为任何疾病，而是因为我们没有进化成一个不断进行批判性推理的大脑。尽管我们是诚实的，但大多数人仍会在推理和判断中出现偏差。

认知偏差是指思维的习惯性错误，它导致我们得出的结论与真实情况不相符合。这些逻辑缺陷有时源于结构性局限，因为毕竟我们作为直立猿后代，浑身都是缺点。可尽管如此，我们还是会继续生活并繁衍下去。但这些偏差往往源于思维捷径，是大脑这个贪婪的器官用来节约资源（尤其是时间）的方法，以便为其所有者在多数情况下做出快速的、刻板的但有利于存活的反应。因此，认知偏差通常是两种需求之间的折中—— 一种是做出符合实际的推论和推理，另一种是在被吃掉、让自己的猎物逃脱或因为拖延和哲学思考而使潜在性伙伴感到厌倦之前做出反应。

有一些被称为行为经济学和行为金融学的学科，被用来描述和理解我们的选择和行为与完全被个人利益最大化驱动的纯理性主体的选择和行为之间的差距。这些学科不仅证明了我们几乎是不理性的[1]，而且证明了我们缺乏理性是可以预见的[2]。因为我们几乎总是走同样的路，抄同样的捷径，产生同样的偏差。

注意，认知偏差的概念不是要否定有关“完美大脑”的描述——那是我们应该向往的用来衡量自身缺陷的绝对理性。认知偏差不是一种规范，致力于惩罚任何违背“正确认知”的行为，也无法打破一个由纯理性的人组成的人类社会的幻想（这种社会不仅在生物学上不可能达成，而且无疑也是人类无法容忍的）。我们的不完美：狂怒、激情、缺乏条理性，都有存在的理由——使我们变得更加不可预测，因此往往更能抵

1　在认知意义上，我们不是按照可用信息的纯逻辑来行事的。——原书注

2　这是丹·艾瑞里（Dan Ariely）的《可预测的非理性》（*Predictably Irrational*，中文出版书名为《怪诞行为学》）的书名含义，法语译本的书名是*C'est*（*vraiment ?*）*moi qui décide : Les raisons cachées de nos choix*（直译为《我是决定者（真的吗？）：我们的选择的隐藏原因》）（Flammarion，2016）。——原书注

抗某些影响，但也更具创造力、更有趣。据我所知，任何一位名副其实的批判性思维倡导者都不想生活在缺乏创造力和趣味性的世界中。如果他们乐意，我宁愿与之分道扬镳！

认知偏差恰恰是几千个世纪以来人们之间的非理性[1]互动的结果。出于社会互动的目的，认知偏差被给予强化。在社会互动中，我们常常能预见别人的缺点，并采取某些行动以出其不意地占据优势。这种方法已经拯救了我们许多祖先的生命，因而成为我们的行为方式中不可缺少的一部分。

现实中存在许多认知偏差，心理学和社会学著作中多有论述。我想谈谈那些最常见的情况，这些情况也许更容易被我们辨认，因此也更容易被界定。然而，由于认知偏差是先天存在的，难以被发现，故了解偏差的存在并不足以使我们提防它们。克服偏差的唯一办法就是构建有条理的思维。

当第一次听人谈论诸如主观验证、锚定偏差或确认偏差等认知偏差时，大多数人的第一反应（也是最容易犯的错误）都是这与自己无关，这是一种偶然性的判断。然而，事实并

1 在这种关系中，个体能够完全意识到他们的态度和动机以及所产生的影响。——原书注

非如此。这么认为甚至就源于一种特定的偏差——自利性偏差[1]。

常见的错误是，以为这些无意识行为最终会通过训练消失。事实上，偏差不会离开，只会在我们每次不够谨慎的时候让我们落入陷阱。不警惕自己犯错误的可能性，就等于为了一种相对的眼前舒适，而因思维捷径（这完全可以避免）出现错误。

认识这些偏差不会使我们对它们免疫，但可以使我们更加谨慎、更加谦逊、更加有分寸、更快地改正错误。有条理性的思维并非能够保证我们时时刻刻是对的，但会使我们避免固守错误。这已经不错了。

经常接触同一个观点会受影响！

我们多数人都以为自己不会受到广告的诱惑，不会被那些承诺能把衣服洗得比白色更白的洗衣粉广告，或者能让世界另一头的味蕾满足的速食菜广告所愚弄。然而，如果我们所有人都是这样，广告就不会如此无处不在，也不会有这么多的企业在广告预算上投入巨资了。广告信息的

1　指人们常常从好的方面来看待自己。患有抑郁症的人没有这种偏差，相反，他们的病使他们认为自己不如别人有价值、自己的缺点更严重，等等。——原书注

确会影响我们。

我们低估了大众媒体对自己的影响，却高估了它对别人的影响，这就是所谓的第三人效应。

最初，我们认为广告只会短暂地激起一种不可抑制地购买一辆车或一份人寿保险的欲望，事实上，它以更加不易察觉的方式在起作用——没有创造购买行为，而是借助单纯曝光效应影响人们对产品的选择。顾名思义，将产品暴露在一种刺激（一个观点、一个品牌、一个概念、一段陈述……）下，“广”而“告”之。一些研究表明，当我们多次遇到同一种刺激时，就倾向于将它与积极的情感联系起来。这对应着一种心理学现象——曝光效应。

曝光效应是美国密歇根大学的心理学教授罗伯特·扎荣茨（Robert Zajonc）于1968年提出的[1]。在实验中，研究人员向受试者展示了一系列由七个字母组成的单词，但受试者不知道这些单词并没有特定意义。研究人员问受试者，这些单词对他们来说是积极的还是消极的。在给出对这张单词清单的意见之前，受试者一直能在屏幕上看见这些词，每个词都出现0到25次。根据受试者的回答，扎荣茨证明，那些出现次数更多的词，被受试者判定为比其他词具有更积极的意义。在另一项改进实验中，研究人员以非常短暂的时间间隔将一些图片呈现给受试者。因时间太短，以至于受试者都没有意识到图片中有哪些具体内容，但单纯曝光效应仍然起了作用（甚至作用更大）。由此，我们可以得出，潜意识的信息会对我们产生影响。

虚幻真相效应与此很相似。反复出现的刺激使我们觉得其更加积极，重复的陈述看上去更加真实。当然，这种效应有局限性，对于事先已经确定真伪的陈述，我们基本不会改变想法。

但这种效应很可能为某些无稽之谈的无处不在做出了“贡献”，这些无稽之谈持续传播的唯一原因就是它们已经传播很久了。例如，在多次读到“我们只利用了自己大脑的百分之十”之后，这个观点最终会变得更加可信。因此，我们能进一步理解宣传如何能有效地让某个群体接受一些有争议的观点。

虚幻的真相的力量与认知流畅度[1]相关。如果我们能很容易构思、思考和陈述某件事，就会认为它更可信。对于遇到上千次的陈述，我们不费吹灰之力就能理解，这种流畅度使我们有一种非常舒适的控制感，很难抗拒。

1 指我们接收到的信息是否易于理解决定了该信息是否可信。——编者注

容易想明白的事让我们觉得更真实

在2011年的一项研究中[2]，一些大学生被分成两组：第一组被要求写出他们能通过未来考试的几个原因；第二组与第一组相同，但被要求提供更多的原因。然后，研究人员评估了这些学生对通过未来考试的信心程度，并观察了他们的差异。

结果显示：写下通过考试的原因数量最少的学生的信心高于其他人。研究人员本来预期的是相反的结果。难道不是支持论据更多，信心更足吗？实际上，正是认知流畅度在发挥影响。被要求提供更多论据的那一组应该做出了更大的心理努力（即费了更多的心思写出原因），这种努力是反映任务难度的一个内在信号：如果任务困难，那么努力了才会成功。如果事情没有那么容易被想明白，它就会变得不那么“真实”，因为我们已经看到，容易想明白的观点更加具有“真实感”。

另外，作为人类，我们希望自己是一个积极的、表里如一的形象。因此，无论是否愿意，我们说话或办事都会约束自己，因为我们不愿与自己内心深处的选择产生矛盾。所以，我们总会为自己的选择辩护，这与“固着效应”相关，并会通过我们后面要谈到的确认偏差进一步加强。

除此之外，还有另一种反常效应，即“持续性影响效应”(3)。已被证实为假的信息，并不会因此丧失其对我们做判断的影响。如果这条信息承载着某种情感，并且与我们的世界观更契合，那么我们有可能会先将其搁置，而不是直接完全抛弃它。

出于所有这些原因，我们身边的无稽之谈的影响力会比我们以为的更大。这些现象也解释了，针对一些不准确言论的批判性分析工作反而会适得其反。我们可以把其比作史翠珊效应（effet de Streisand），是指本想阻止一条信息的传播，结果却招来了更多的议论，使该信息被更多人了解，仿佛用一个探照灯对准了本应藏在阴影中的信息。

尤其是因为单纯曝光效应、持续性影响效应或虚幻真相效应，我们在听到有人反驳一个完全虚假的陈述时，会倾向于记住它，但却忘记了其来源，从而不幸地忽略了它的虚假性。这是无稽之谈的另一种力量：那些反驳无稽之谈的人可能完成了一项精彩的逻辑解构工作，但这项工作中的一小部分却促使这条信息像病毒一样被传播。

单纯曝光会使我们对某事件产生更积极的看法，媒体对事件和公众言论的报道会对我们的心理表征产生影响，并使我们对观点的接受程度发生变化，这就是奥沃顿窗口（fenêtre d'Overton）原理。

麦基诺公共政策中心（Mackinac Center for Public Policy，一个倡议“自由市场”的美国智囊团）前副主任约瑟夫·P.奥沃顿（Joseph P. Overton）认为，公众对一个观点的接受程度可以被分为不同等级：难以想象的、激进的、可接受的、合理的、受欢迎的。在某种情况下，若公众舆论都认为某一类政治立场是可以接受的，那些背离这些立场的人则会被认为是极端的。

媒体扮演了使某些立场合法化或边缘化的角色。为一些极端观点辩护可能是一种政治策略，目的是通过对比，使一些被认为激进的观点混入“可接受的”或“合理的”等级中。

无论是否愿意，我们评估一个观点的真实性的方式都受到观点、口号或立场的影响。无视这些现象的存在，或尽量削弱它们的重要性，只会使那些有机会、有权力和有欲望利用它们的人得利。

我们与世界的关系是主观的

我们更容易接受那些符合我们感知世界和感知自己的方式的陈述。心理学家和认知科学研究人员已经描述了他们所说的“主观验证”，即当一条信息符合我们自以为对世界的认知时，我们会判定它是有效的或正确的。我们抱着偏见，但不自知。

有一个心理学现象叫作巴纳姆效应，以美国马戏团演员费尼尔司・T. 巴纳姆（Phineas T. Barnum）命名。因为他谙熟人类的轻信行为，习惯在准备表演时说：“应该为每个人专门准备一点小东西。”轻信是我们的一种习性，如果我们相信一段描述（至少是有点积极的）是为自己量身定做的，就会自发地在这段描述中认出自己，而实际上它可能适用于任何人。

这也与一种错觉有关——我们非常看重自己的形象，进而会认为自己是独一无二的，比其他人更特别。这就是为什么我们在人格测试中永远读不到一些贬低的话，如：“您气量小，智商低于平均水平，容易半途而废，却因此责备其他人。”

巴纳姆效应也被称为福勒效应。伯特伦・福勒（Bertram Forer）说出一段语意含糊的文字，大多数受试者都判断这就是在描述他们自己，其中某些人甚至拒绝相信这段描述是以普遍适用的方式设计的。福勒读的那段描述节选如下：“您有一种巨大的潜力，而您还没有把它变成您的优势。从外表看，您守纪律且懂得自律，但在内心，您担心很多事且对自己的未来不是很确定。有时，您会严肃地问自己是否做出了正确的决定，或者是否做了该做的事。您更喜欢一定程度的变化和多样性，而且如果有人约束和限制您，您会变得不满意。”

人们有时会谈到深井效应，是指一段话越空洞，越让人感觉深奥。哲学家丹尼尔·丹内特（Daniel Dennett）用“深言”一词，来描述那些既可以从隐喻角度又可以从字面意思来理解的陈述。从字面意思看，这些深言是没有任何意义的平庸之词；从隐喻角度看，它们则是无根据的论证。丹内特经常举这样一个例子：“爱只不过是一个词。”这句话从语意表达上是准确的，但也完全不着边际。

印度冥想大师狄巴克·乔布拉（Deepak Chopra）是创作“深言”的冠军，诸如“觉醒之光将宇宙引入了神的启示”，或者“注意力和意图是神的启示的机制”[1]一类的表述都是他的发明，但要想搞清楚这类句子的意思，可有我们累的了。

主观性既是先天的，同时也来源于我们的生活经验、所经受的考验、失败和成功经历、各种遭遇，以及上千个其他难以想象的因素。我们以自己为参照系，倾向于把自己的兴趣、意图和偏好赋予他人。实际上，这就是投射效应。因此，我们会认为大部分人与我们想的一样，同意我

1 原文是：“The light of awareness brings the universe into manifestation.”和“Attention and intention are the mechanics of manifestation.”——原书注

们的观点，并且代表着沉默的大多数。于是，我们很容易落入另一种偏差，即虚假共识偏差。在缺少真实信息的情况下，人们可能会想象“所有人都知道这件事”或者“所有人都这么想”。这种现象的根源在于，我们习惯于被普遍与自己相似的人，以及赞同我们的利益核心、观点和价值观的人所包围。这是一种被充当“过滤气泡”的数字社交网络过度放大的习惯，基于这种有偏见的样本，我们则“编织”着有缺陷的观点。

我们与自身对世界的主观感知之间的亲密性（这是必然的）使我们相信：我们的所想应该进入他人的头脑，就像其进入我们的头脑一样；我们的反应是典型的，因此是容易被理解的。由于这种小小的自我中心主义，透明度错觉[1]使我们高估了他人对我们的心理状态的认知程度[(4)]。因为这些反应在我们看来不言自明，但为什么他人不能一下子理解我们的感受和我们想说的话呢？这里遵循的原则是：周围的人完全考虑了我的感受，而且我的话语清晰地表达了我的思想。这就是误会的根源，而解决办法是，不要相信任何暗示，而要将判断建立在信息明确的基础上。

---

1 指人们倾向于高估他人对自己的心理状态的理解程度。——编者注

可支配的世界

一般情况下，我们都能够意识到自己认知的有限性，所以在家庭聚餐时，我们不会自发地讨论大陆架水域酸化的原因，或者新古典主义公共经济政策工具的国际标准。但是，我们有时会误解自己的能力或所掌握的信息的质量，于是会据此发表一些意见或做出一些行为。

问题的根本不在于我们只接触了真相的一小部分，而在于我们忘记了这一点。

“启发式[1]”（heuristique）是一项迅速且凭直觉做出决策的心理活动。它是一种认知捷径，会使我们对周围环境做出无意识的判断。大部分时候，其起了好的作用，在我们完成日常任务时帮了很多的忙，也正因如此，它们在进化谱系树上被保留了下来。例如：如果同事湿淋淋地回到办公室，那么我们推测外面下雨了并不荒谬，下雨一般是人们外出归来衣服湿了的原因。

但是，这些基于直觉的启发式不一定总是可靠的。它们的好处（无视世界的复杂性，只聚焦于几个足以形成一个一般观点的参数）

1　启发式是一个心理学名词。——编者注

恰恰又是弱点，因为世界的复杂性始终存在，而我们很容易忘记这一点。我们认为自己是基于这个世界总体规律进行的推理，而实际上只是根据“可支配的世界”所进行的推测而已。心理学家阿莫斯·特维尔斯基，以及诺贝尔经济学奖得主丹尼尔·卡尼曼（Daniel Kahneman）阐述了这种“可得性启发”，即我们倾向于认为世界只有我们看见的那么大[5]。卡尼曼用“看见的就是存在的全部”这句话来介绍这种认知偏差。在一次著名的实验中，特维尔斯基和卡尼曼的受试者认为，英语中以“R”开头的单词（如red或remarkable），比“R”是第三个字母的单词（如far或abroad）要多。但事实正相反。比起其他单词，人们更容易记起以“R”开头的单词：rain、radio、raw、rift、road、reaction……前一类单词的突出性被错误地理解为它们数量更多的标志。

由于同样的思维机制，在评估一个事件的发生概率时，我们往往会凭直觉把它与我们能回忆起的类似事件的容易程度做比较[6]。媒体只要针对某种政治决策提出一些很特别的担忧，就会影响公众对实施这种政治决策的评估。为理解现实和认知之间的差距，我们应该记住，媒体人员处于一个特殊的位置，他们遇到不大可能的现象比遇到可能的现象的概率要高。

我们会根据一些心理表征来解读、理解、判断和回应周围的环境，代表性启发[1]与可得性启发在以同样的方式起作用。无论出于什么原因，最突出的事物表现容易被公众认为更加真实。

应该受到质疑的是各种逸事。长久以来，口耳相传一直是我们获取信息的主要途径之一，也是看待某事或人的主要途径之一。可能是由于本能，或者是因为口耳相传始终在我们的日常选择中扮演着最重要的角色，因此我们倾向于认为证词是最具有说服力的证据形式之一。但事实上，很多沉痛的冤假错案都是基于后来被证实是错误的目击者证词的（原因很多，主要与错误记忆相关）。[(7)]

过度信任证词，也解释了为什么某些伪科学和替代医疗会成功。因为它们通过不停被讲述的逸事和被说服的人们的证词来传播。

提高认知警惕性的一个办法是：如果一种疗法、一个产品、一种思想、一个理论主要是以证词作为论据的，那么不要相信它，我们有权严肃地怀疑别人讲的事情的真实性。基础概率忽略[2]是一种认知偏差，使我们忘记了可用样本相对于完整现象的体量。说白了，如果

1 指人们会通过以往的经验或某些有代表性的特征来判断人或事。——编者注

2 指人们在进行主观判断时，倾向于使用当下的具体信息而非基础常识。——编者注

读到4条关于尿疗法（喝自己的尿治病）的功效的逸事，我们就应该想一想，那些没有从中得到任何好处的人的数目（未知）。如果有40个人证明了能量疗法的功效，那么在这种疗法的有效性、满意度、可能引发的并发症、诊断延误、非法行医和其他不幸事件反复发生的问题方面，他们又真正告诉了我们什么呢？正如彩票公司说的那句话：“100%的获奖者都是碰运气。”当然了，这毫无意义。

那个可支配的世界，那个我们生活在其中的气泡，其部分是由我们给予事物的关注形成的。然而，并不是所有的人都关注相同的细节。在大多数情况下，我们都不是很专心，由此会产生某些让人难以置信的“疏忽性失明”。

美国伊利诺伊州立大学的丹尼尔·西蒙斯（Daniel Simons）、哈佛大学的克里斯多夫·查布里斯（Christopher Chabris）的一项合作研究表明，我们可以对自己鼻子底下发生的事视而不见[8]。在著名的“大猩猩错觉”实验过程中，受试者被要求观看一段录像。屏幕上有6个人，其中的一组3个人穿着白色衣服，另外一组的3个人穿着黑色衣服，每一组都有1个篮球，两组分别两两传球。受试者需要数出穿白色衣服的一组传球的次数。这项任务一点也不复杂，几乎所有人都能准确地数出。然而，有一半受试者忽略了一个细节：当录像播放到一半的时候，一个装扮成大猩猩的人安静地穿过屏幕，走到游戏者中间，拍了拍自己的胸脯，然后走开，最后消失在屏幕的另一侧。在回放录像时，所有没有注意到这个细节的受试者都不相信自己的眼睛。但这怎么能怪他们呢？他们之所以没有看见这只大猩猩，是因为没有想到自己会看见一只大猩猩。在生活中，我们都会产生期待视野，即我们期望遇见的并因此很容易且很快能发现（甚至连想都不用想）的一定数量的刺激和事件。有时，我们如此期待遇到某个人或某件事，以至于干脆幻想出他/它的出现。我们这一代人产生了一种新的幻想——手机贴着我们的腿在震动，而实际上它没有震动，甚至没在我们的口袋里。

我们对世界的表述随着对信息的注意和记忆程度的变化而产生偏差，这是一种重大的缺陷，而有些人懂得如何利用它。他们能够激发一种突出效应[1]，以加强对公众的控制。让我们来想象一个人被赋予了某种威望，能够吸引人们的注意，引起人们的好感，以至于他的话被奉为智慧的格言。现在想象一下，他告诉我们这样一段话："从现在起，您属于少数真正渴望真理的人，不再满足于假象。您已经开始了通往真理的旅程，我可以为您揭示将要发生在

1　指人们在面对选择时，倾向于选择带有突出特征的选项。——编者注

您身上的事。您会看到一些细节、不恰当的言行和巧合。您将注意到一些事件在诸如11:11、20:20之类的镜像时刻[1]发生。您看到的会越来越多，这标志着您已摆脱了社会的各种束缚，应该继续努力。”

这类话非常有效，因为按照自证预言[2]理论，只要听到镜像时刻这个词，我们就会有更多机会看见甚至记住所看见的镜像时刻，即其篡改了我们的期待视野。

还有一个类似的现象：当我们得知某个东西存在之后，突然间，我们会发现这个东西无处不在，但之前却从未看见过它——这就是巴德尔-迈因霍夫效应。我们有时会惊叹：“喔！这太厉害了，我昨天刚听说它！”但实际的情况是，因为对周围环境的选择性关注，让人惊讶的实际上完全是我们期待中的事物。

这种突出效应足以解释，某些巧合被有些人赋予了过于深刻的意义，以便让人以为它们真的是单纯的巧合(9)。

我们来做一个实验，请身边的某个人记住以下清单上的所有词语（先慢慢地给他读两遍）：

菠萝、草莓、李子、甜瓜、杏、芒果、樱桃、晶体管、西瓜、醋栗、覆盆子、无花果、香蕉、橙子。

1　指表示时间的冒号前后的数字相同的时刻，如11:11、13:13、16:16等。——编者注

2　指人会不自觉地按照已知的预言来行事，最终令预言发生。——编者注

受试者很有可能无法复述出全部14个词，但在他记住的那些词中，一定有这3个词：菠萝、橙子和晶体管。如果先等30秒，再让这个人复述，情况更是如此。

“菠萝”是这张清单上的第一个词，通常比其他词更容易被记住，因为它激活了长期记忆（首因效应）。“橙子”是最后一个词，它被记住源于近因效应。而中间的那些词通常最不容易被记住。早在20世纪60年代，研究人员就证明了这一点[(10)]。至于“晶体管”，它显然在这张水果清单中扮演了“闯入者”的角色，突出效应使其脱颖而出，从而更容易被记住[1]。这表明，我们可以预见在一个受控的环境中哪些因素更容易被记住，因此能够通过使人暴露于这种环境而影响他们的世界观。因为世界观更多地是由我们记住的那些要素，而不是我们忘记的那些要素构成的。

可能受试者会复述一个我们没有读过的词，比如“苹果”。如果受试者不止一人，那可能会有好几个人以为记住了清单上不存在的同一个词。之所以如此，是因为这个词符合该系列的语义类别。（苹果是人们提到水果时最先想到的词之一）这样一种集体错误记忆的情况使人想起了曼德拉效应：许多

1 我们也把这种效应称为隔离效应或冯·雷斯托夫效应，源于德国心理学家海德维希·冯·雷斯托夫（Hedwig von Restorff）的姓，他在1933年提出了这个效应。——原书注

人表示自己记得纳尔逊·曼德拉（Nelson Mandela）在20世纪80年代就已经死在监狱里……然而现实是，他出狱了，后来成为南非的总统，直到2013年才逝世。因此，与其他人拥有相同的记忆，并不能确保这段记忆的真实性。

我们很难关注到周围环境的所有细节，所以会无视许多事情。我们很难看见不知道、不理解和没有期待的事。每个人的期待视野取决于由其个人经历、经验、所接受的教育、社会关系和文化共同打造的可支配的世界，而我们的可支配的世界中竖立着一个人造方位标（人为的基准）——成见。

成见是扭曲了物体的表面大小和距离的透镜：它欺骗了我们。我们便如透过一块变形的玻璃看待这个世界，这些变形使我们习惯了某些令人舒服的、更容易分享和让他人相信的结论。

我们从封面会评判书的好坏吗？

下面，我们通过露西的例子来看看我们的心理表征是如何使逻辑思维短路的。露西31岁，单身，擅长表达，法律硕士。在上学期间，她是一名环保斗士。

在你看来，以下哪种情况最有可能是露西现在的情况？

1. 露西在学校当老师。

2. 露西经营着一家书店，并正在学习空手道。

3. 露西是社会工作者。

4. 露西仍然在为保护动物权利而战。

5. 露西在销售保险。

6. 露西是律师。

7. 露西是律师并且仍然在为保护动物权利而战。

请你仔细思考这个问题并选出一个答案，然后继续往下读。没有人会评判你，除了你自己……在这里，我们预期读者会选择最后一个选项，露西是一名律师并仍然在为保护动物权利而战。也许这正是你的选择，你甚至估计这个选项的正确概率大于第4个和第6个选项……然而这是不可能的。第7个选项为真（这相当于同时确认了第4个和第6个选项）的概率，绝对小于或等于这两个事件中单个发生的概率。其实，“露西是一名律师”这个事件，总是比“露西是律师并且她还做这或做那”的概率更大。

从这个例子中我们应该记住什么？第7个选项不大可能是正确答案，但为什么大多数人选择它呢？（特维尔斯基和卡尼曼在20世纪80年代初做的最初实验[11]中，这名年轻女子叫琳达，当时有89%的人选择了第7个选项。）这是因为，合取谬误[1]对我们的思维方式产生了影响，即认为细节越多的事情越可信（比如露西既是律师并且为保护动物而战）。

我们被有意义的叙事情节所吸引，即使它是虚假的。这可能看上去无关紧要，但是，这种偏差对于那些相信一些关于超自然现象的反常叙事（不同寻常的证词）的人来说，就特别重要[(12)]。

房间里有个密探吗？

导致重要后果的事应该有一个重要的原因——这是一种简单的心理启发。当一个非常令人震惊或者能够激起巨大反响的事件出现时，我们的第一反应是赋予这个事件不同寻常的原因。而简单的巧合几乎不可能成为令我们满意的答案，因为它自身不具有任何意义，也不会为解读世界提供能使我们预见到相关现象再次发生的任何钥匙。

我们永远只能在失去控制的时候才能更好地衡量控制感的价值：无力感是一个强烈的、痛苦的信号，促使我们

1　指人们普遍认为多重条件比单一条件更有可能发生。——编者注

做出反应。为了避免这种状况，我们会设定一些假设，哪怕只是纯粹的想象。

“密探错觉”（我们对世界有一种密探式的解读）是可怕的、无处不在的。人类这种动物，是被“编程”去完成一大堆能让其活着的事的。正是因为我们的一部分祖先正确地完成了某个程序，地球上才仍然有动物存在。所有已灭绝的谱系，都曾被外部力量阻止完成它们的程序，或者开发了不适合这个程序的版本。“版本”这个比喻有其局限性，但可以很好地证明我们的能力不是凭空而来的。

因为正如第3章“错误的继承”一节中所解释的，第一类错误，即当我们的密探探测器无缘无故地被激活时所出现的假阳性错误，比相反的错误，即没有察觉到某种危险的假阴性错误要常见得多。因为第二类错误对于自然环境中的动物具有潜在致命性，随着时代进化，犯第二类错误的动物比不犯第二类错误的动物留下的后代更少。

一旦密探探测器被激活，我们就会借助一些熟悉的概念为自己的感觉和推理寻找意义……因此，我们很容易猜想，某件没有得到解释的事件背后存在一个意图。而这个事件越重要、越严重、反响越强烈，我们越容易猜想其强大的隐藏着的意图。

阴谋论思维带有强烈的密探错觉和比例偏见[1]的印记：当一个事件比较重要时，某些人就会不自觉地猜想这是一个以某个带有阴谋性质的结果为目的的计划；结果影响面越大，他们就越容易想象这是一个大阴谋。

事件所包含的情感分量也起到了一定作用：当我们在情感上被动摇时，就必须为这种动摇找到相匹配的解释。约翰·肯尼迪与戴安娜王妃的死引起了巨大的轰动，公众便很容易认为这其中有阴谋，但罗纳德·里根遇刺却没有引起同样的怀疑。同样，一架飞机失事时，人们会怀疑各种隐藏的原因，而当2009年1月15日飞行员切斯利·苏伦伯格把飞机紧急迫降在哈德逊河上时，大多数人接受了这次事故是因为一只鸟撞击了发动机这个“简单”的理由。

意图无处不在

请想象一下，你坐着车，遇到了红灯，另一辆汽车的发动机在一旁发出轰鸣声，车里的司机瞟了你一眼。那一瞬间，你可能会想象他是一个什么样的人，以为自己看穿了他的好胜心和他想自夸的欲望。人行道上，一个小孩在

1　指在某些情况中，人们本应关注数值的变化，但人们更倾向于考虑比例的变化。——编者注

哭，而一位女士正牵着他走向一辆空的童车，你在一秒钟内就理解了这一幕，不假思索地判定这对母子起了冲突。信号灯变绿了，一个戴着耳机哼着歌的少女还在磨磨蹭蹭地过斑马线，同时嚼着口香糖、吐着泡泡，并朝你微笑。你立刻能够以各种方式解读这种行为，同时目光停留在她的步伐、神情、衣着等细节上……

我们有很多机会去判断他人，更准确地说，是去判断他们隐瞒的那部分——他们的精神生活。我们会为遇到的人画一幅心理画像，并对之做出反应。当这些画像汇集在一起并被归类时，就是所谓的成见或偏见。事实上，我们通常会无视当下出现在头脑中的一些心理机制。最好的证明就是，我们用同样的机制应付一些显然不适用的情况，并因此把一些心理状态归罪于物体“电视机不想显示了”“我的电话和我闹别扭了”，等等。

尽管知道一些物体没有意图和心理状态，但我们还是乐于为其赋予一些意义。这有些令人困惑，但是，当有人提醒这完全不合逻辑时，我们也不会因此感到羞耻。类似地，我们也容易把一些意图和心理状态错误地赋予他人，而且，通常没有任何办法使我们发现并改正自己的错误。简言之，我们把时间花在了错误地解读他人（和我们自己）的动机和意图上。这些错误中的大部分都不会产生严重的后果，这使我们始终感觉好像没犯什么错，可以绝对信任自己的判断。

附在我们神经元上的锚

谚语说："万事开头难。"按照我们想象世界的方式，有太多的"开头"，也就是"第一印象"。我们即时的、不准确的第一印象是直觉：一些似乎凭空而来的、非常强烈的信念。我们不知道自己是如何获得它们的，也不知道如何证明它们的存在，只知道这就是我们对事物的感觉。

第一印象常常是有用的，但也与偏见形影不离，具有强大的、很难摆脱的惯性。知道这一点的人可以愚弄我们，通过改变第一次听说某个信息的方式来操纵我们的心理表征。

锚定效应是阿莫斯·特维尔斯基和丹尼尔·卡尼曼提出的[13]，后来，美国北加利福尼亚州杜克大学心理学与行为经济学教授丹·艾瑞里（Dan Ariely）等学者对此进行了更详细的研究。艾瑞里让一些学生在一张纸上写下他们的社保编号的最后两位数，然后要求他们评估自己是否愿意花同样金额去购买一个并不知道价格的商品（例如：一瓶葡萄酒、一盒巧克力、一台信息设备等)。之后，他们为这些物品举办了一场拍卖会。最后发现，写下最大数字的那一半人平均比写下最小数字的另一半人多花了60%到120%的钱[14]。总之，社保编号的最后两位数，(武断地)影响了他们对一个物品的价值的估计。

相应地，我们可以更好地理解商店里的价格标签策略：过高的价格被用挑衅性的红色横杠划掉，以一个明显更合理的价格代之，前者使后者看上去比它单独出现时更低。两个价格之间的对比效果使我们认为，错过这么好的机会是错误的。谈判中也是一样，先提出价格的一方，如果提得巧妙，可以通过提出一个有利于自己后续谈判的金额作为谈判的参考值，以影响价格谈判结果的走向，这个被提出的金额就起到了锚的作用。

德国维尔茨堡大学的社会心理学学者弗里茨·施特拉克(Fritz Strack)和托马斯·穆斯魏勒(Thomas Mussweiler)[15]认为，锚定是语义开端的一种特殊情况，也就是说，首先给出的、用来解决一个比较问题的信息，会影响随后的判断。在这一点上，这两位学者对一些志愿者进行了多次锚定测试。例如，问受试者一头鲸是否有“×”米长。四个测试组中每一组听到的“×”是不同的。给其中两组的锚定值是“合乎情理”的21米、49米，而另外两组被问一头鲸是否大约长900米、20厘米。真实情况是，鲸的身长可达33米。听完上述问题后，受试者被要求给出一头鲸的身长的估算值，他们的表现如何呢？

	合乎情理的		不合情理的	
给出的锚定值	21米	49米	900米	20厘米
得到的答案（平均值）	29.1米	60.1米	141.7米	20.5米

最终，有受试者居然会回答一头鲸有142米长，这是因为他们受到了刚刚回答的“一头鲸是否大约长900米”这个问题的影响。

这个实验涉及的问题不只包括鲸的身长，还有一个问题是问达·芬奇的出生年份（答案是1452年）。再一次，一些一看就不真实的问题（达·芬奇是否出生于1952年）对受试者的回答产生了明显的影响。

	合乎情理的		不合情理的	
给出的锚定值	1698年	1391年	1952年	1215年
得到的答案（平均值）	1543.6年	1410.3年	1632.9年	1811.1年

另外，实验还证明，如果这个数值给人感觉是精确的而不是凑整的，例如476欧元，而不是500欧元，那么锚定效应会更明显，受试者最终给出的数字与锚定值的差距会更小。[16]

实际上，任何人都逃不过这些认知偏差，但我们或许希望司法界的专业人士能做出更客观的裁决……事实并非如此，法官们自己也在不知不觉中受到了影响。2003年的一篇文章显示，在西班牙加利西亚做出的一些判决中，超过63%的判决包含与起诉书相关的锚定偏差。(17) 多项研究表明，司法判决没有受到足够保护，以抵制判决者大脑中固有的认知偏差。

实际上，首先得到的信息会引起首因效应[1]。请你想象一下，有人为你介绍了2个人，作为你未来12个月内参与的一个重要项目中的同事。首先是阿兰，据介绍，她有教养、做事有条理、衣着有品位，但有点强势和傲慢。这个短短的句子足以让你对阿兰形成一个概括性的心理印象，并预先评估自己是否愿意与她一起工作。第二个人是丹尼尔，据说他傲慢、有点强势、衣着有品位、做事有条理且有教养。当然，你很快明白了这两个描述中包含了相同的形容词，只是顺序变了。但是，这个顺序会对你选择与他们其中哪个人一起工作产生真实的影响。关于阿兰的描述以褒义词开头，逐渐转向她个性中的不那么讨人喜欢的方面。而对丹尼尔，顺序正好相反。这个小伎俩几乎肯定会

1 指第一印象往往是最鲜明且最深刻的，将对人们后续的行为和判断产生重要的影响。——编者注

达到这样的结果：你觉得阿兰至少比丹尼尔更适合做同事。因为用来描述这两个虚构人物的开头词，比后面的几个词分量更重。开头词是“首因”，使人觉得阿兰首先是一个有教养的人，而丹尼尔首先是一个傲慢的人。由此得出的对比印象足够微妙，这种偏差的影响潜移默化。更糟的是，大多数人都不愿承认形容词的顺序可以改变我们的判断，不愿承认自己有认知偏差。

还有一种认知偏差叫作投射偏差，指人们倾向于认为自己会一直保持当下的偏好或选择，即将当下的情况投射到未来，从而做出一些错误或不理智的决定。例如，我们高估了未来的兴趣、偏好与现在的兴趣、偏好保持一致的可能性，从而基于暂时的偏好或时尚效应去参与一些长期的活动[18]。这种偏差有显著的后果，例如，身体健康的时候，我们很难想象未来可能生病，从而很少会进行一些预防身体患病的活动[19]。

知道投射偏差的存在，可以使我们在投入长期活动之前花些时间（不论是几天还是几周），以不同的心理状态思考这件事。

经济、卫生、司法和所有社会领域都受到各种锚定偏差的影响，尤其当最糟糕的确认偏差与它联手时，这种影响更加强大。

我们因自己的信念得到确认而被激励

人类一旦采纳了一个观点，就会使所有事情支持它并与它一致。无论有再多反例，人们也会轻视甚至无视它们，或者通过某种区分排斥它们并拒绝它们。如此一来，通过这种强大而有害的预先确定，先前结论的权威性就能始终不受侵犯。

——弗朗西斯·培根，《新工具》(*Novum Organum*)，1620年

我们可以看到，自己的行为模式受到许多偏差的影响。我们基于一些零散的数据做出仓促的判断；我们想象因果关系，感觉从周围发生的事情中理解了些什么。这些过程太快了，以至于我们无法一上来就纠正它们。但是，幸运的是，有一种思维可以帮助我们进行一些探索与思考。正是这种思维让我们有办法变得理性、符合逻辑、有条理和谨慎。这就是批判性思维。下面，我们来谈谈批判性思维最糟糕的敌人之一，即确认偏差[1]。

大脑是一个贪恋并消耗很多能量的器官，而我们的祖先学会了节约，因此，这个器官大部分时间以“值夜班”

---

1 指人们往往倾向于关注、相信支持或有利于自身信念的信息。——编者注

的方式运转。用安布罗斯·比尔斯（Ambrose Bierce）的话说，大脑是“人类以为在用它思考的机器”，但事实上，我们懒散地扫描环境，以寻找方案、模型、规律和联系。这样很节约能量，所以我们如此喜欢这种运转模式。

我在《当我们有偏见时》[20]一书中，对确认偏差这种可怕的偏差进行了详细的介绍，我在这里再简单地总结一下。这些偏差的作用过程分四个阶段：

1. 主观验证；
2. 偏离事实的信息搜寻；
3. 偏离事实的信息解读；
4. 偏离事实的信息记忆。

1. 一般来说，我们从接受一个陈述（其为某种常见现象或接近于我们感觉的描述）开始产生偏差。2. 面对一个我们很坚信的主题时，我们常常更喜欢去读或听那些完全符合自己见解的意见，而其他意见则会引起我们的不悦。3. 我们迅速利用哪怕含糊不清的信息得出结论：这些信息支持了我们从一开始就有的那个假设。4. 最后，比起那些坚定自身见解的事实和论据，我们更常忘记那些可以改变自身观点的、可靠的事实和论据。

事实上，我们与这些信息的关系，同我们与食物的关系相似：某些信息合胃口，我们就高兴地“吃掉”它们，而且还会回来找它们，而另一些信息则会引起我们的怀疑和反感[21]。同样的奖赏系统在大脑中被激活了，因此，我们更新心理表征的方式具有不对称的缺点。

当结果有可能令人不快时，我们不仅不愿去搜集信息，甚至干脆不考虑最终提供给我们的那些数据。伦敦大学的认知神经科学教授塔利·沙罗特（Tali Sharot）的团队，对人类与气候变化的关系感兴趣。在他们的研究中[22]，那些批评有关减少温室气体排放的国际协定的气候否定论者们在面对一些出乎意料且乐观的信息时，很容易改变他们的认知。但是对于一些出乎意料且悲观的信息，气候否定论者们的反应却不同，不仅不接受还会百般挑刺。接受气候变化观点并支持上述国际协定的人也表现出同一类型的不对称行为，但是表现的方向是相反的。换句话说，当我们坚信某个信念时，加强它比对它进行细微的修正更容易。这种倾向绝非只涉及细枝末节，因为它会导致一些论战话题的观点更加两极化。

推理：在欲望的天平上称量概率。

——安布罗斯·比尔斯，《魔鬼辞典》（*Le Dictionnaire du Diable*）

选择性偏差

我们倾向于在决定和选择中保留一些被美化的记忆，我们认为，这样一来，它们就比本来的样子更合理[1]。这带来了一定的认知舒适度，因为其减少了我们对未被选中的选项的遗憾。这种错觉可以维护我们的自尊，从而维护我们的幸福感。如果说一些正确但不合愿望的判断有利于建立我们对世界的客观的心理表征，那么一些不正确但合乎愿望的判断则可以满足其他心理需求。

美国伊利诺伊州立大学应用科学与技术学院的认知心理学学者鲁特安娜·戈登（Ruthanna Gordon）曾做过一项研究[(23)]，她给受试者读了两位通灵者（虚构的）的一些预言，并迅速描述了两人的特征，强调了她们在可靠性方面的差别。其中一位通灵者安娜·阿什兰（Anna Ashland）享有非常高的美誉，预言实现率达到80%，另一位通灵者坎迪·卡森（Candy Carson）的可靠性明显低于前者，实现率只有20%。随后她又让受试者阅读了30个预言，并让其分辨哪些预言是安娜·阿什兰说的，哪些是坎迪·卡森说的。这些预言中的一些是合乎愿望的，另一些则完全不合愿望。

结果表明，当阅读了30个预言（10个合乎愿望的、10个不合愿望

1　这里的“合理”引申为“符合事实且可用，而且几乎不或完全不受我们的心理状态和偏见影响”。——原书注

的、10个中性的）的受试者被询问时，他们倾向于把合乎愿望的预言归于较可靠的来源（安娜·阿什兰），而把不合愿望的预言归于较不可靠的来源（坎迪·卡森）。实际上，根本不存在这两位通灵者，只是人们倾向于认为合乎自身愿望的信息更可靠。

在充斥着虚假叙事的现代生活中，这种行为可能是危险的。如果一个病人在某非法网站上读到，化疗是一种纯粹的毒药，通过冥想和吃新鲜水果来战胜癌症才更明智，那么，这种“痴心妄想”可能会打动他。一旦读到这个合乎愿望且令人宽慰的信息，他就完全有可能想象其来自一个严肃的信息源，这会使他相信这个信息并因此导致医疗滞缓而使健康受损。

面对一个想要相信的信息时，我们会问自己“我可以相信它吗”，并开始寻找这样做的所有理由和动机。当面对不愿看到的真相和不想相信的某件事时，我们的反应会是“我真的必须相信它吗？”，然后寻找不这样做的理由。这种有动机的推理可以概括为两个问题：

- 我可以相信X吗？
- 我必须相信Y吗？

这种带有情感的行为模式使我们与自己的理性对抗。我们会更容易找到理由来确认我们希望相信的事。我们在思考X时比思考Y时更能感觉到的这种认知流畅度，会让我们误认为X更贴近真相。越容易想清楚的事物越让我们觉得是真的。

很多时候，比找到真相更重要的是努力确认自己是对的，并再次确认因为情感原因而坚持的世界观是正确的，因为对我们抱有的世界观的质疑会以某种方式威胁到我们对自己的看法。因此，我们更有可能把信任给予与自己信仰体系一致的信息。我们相信一些自己看来真实的信息是真的，并且常常不加验证就分享它们，因为它们正巧符合我们自以为已经知道的事。这种行为会发生在所有人身上，但我们倾向于否认它，因为承认它就意味着承认我们有时会以不理智、不符合事实的方式行事。另外，我们喜欢认为自己比他人少一些认知偏差，不会做出这种不当行为。

回归平均值

我们所遭遇的事件会在我们身上和内心留下印记：最突出的那些会变成我们的参考标准。这就解释了为什么我们对那些异常现象和极端事件特别敏感，并且会高估它们的代表性。然而，有时候，突出事件只不过是统计假象，就像云中形成的一张“面孔”：事实上那里没有任何面孔，只有一些模糊的形状；没有任何信号，只有我们选择去解读的声音。只要解读存在，我们就会清楚地“看见”，但这不是现实。

这涉及一种统计现象，叫作回归平均值[1]。它几乎很难被察觉，除非我们主动怀疑。让我们从美国的一份著名体育期刊《体育画报》(*Sports Ilustrated*)的噩运说起。在体育界，几十年来一直流传着一个不祥的传闻：出现在这家期刊封面上的冠军在该次亮相之后，必定会成绩下滑。例如，网球女明星塞雷娜·威廉姆斯(Serena Williams)出现在2015年8月的《体育画报》封面上，本应预示着这位排名世界第一的选手即将赢得大满贯。但仅仅十一天之后，她在半决赛中就输给了世界排名“只在”第四十三位的选手罗贝塔·文奇(Roberta Vinci)。

显然，这个简单的逸事证明不了什么，但人们还可以举出几十个类似的例子。或许几十件逸事也证明不了什么，但事实上，如果查一查登上这家期刊封面的所有运动员的表现，我们就会看到这种情况重复出现似乎证明了这个传闻的真实性。据统计，那些上了封面的运动员接

1　指事物的发展总是在其固有的理论平均值附近波动。——编者注

下来的成绩的确下降了。人们对此给出的解释是：如果一名运动员登上某家期刊的封面，那是为了向一次完全超常发挥的成绩致敬，他/她已经处在能力的顶点、事业的顶峰。而事业顶峰的特点就是，它是暂时的。运动员们会遭遇事故、受伤，从而成绩发生变化。如果他们登上一家非常挑剔的期刊的封面，那么他们未来的表现往往会回到较为普通的水平，这根本不需要用噩运或诅咒来解释。

回归平均值是一种纯粹的统计现象。聪明的女性通常会与不如自己聪明的男性结婚，高个子男人的孩子通常比他们矮，精彩的电影的续集往往没有第一部作品成功，时常偏头痛的人可能很容易发现偏头痛的次数减少或强度减弱了……这很神奇吗？不，其实这就是回归平均值。如果在任何一个特点上，我们属于1%最有天赋的人，那么我们就不大可能在同楼层邻居、工作搭档、拼车伙伴或商场排队排在前面的人中间遇见另一个属于这1%的人。

如果抛掷一枚没有作假的硬币猜正反面，那么我们可能得到一连串的正面、正面、正面、正面、正面、正面、正面、正面、正面、正面。由于知道反面朝上的概率是50%，我们会认为在抛第11次时，更有可能是反面朝上，就像是要“弥补”它的迟到。但事实上，所有事件都是独立的，赌徒谬误[1]也是一种错觉，它使我们相信，过去的一些偶然事件可以使我们预言未来的一些偶然事件。如果硬币没有作假，那么我们始终有50%的机会在之后的第11次得到正面。然而，回归平均值现象告诉我们，如果重新开始，我们就完全有机会得到少于10个的一连串正面，因为这样更接近正面与反面结果的概率——50%。

忽视这个现象会使我们失去理智和公正，去相信一些不合理的因果关系，从而导致错误行为，比如过度相信惩罚的作用。请想象，一个孩子拿着0分（满分20分）的数学考卷回到家后，父母决定严厉地惩罚他。在下一次数学测验中，即使这个学生的水平没有变化，他的得分也完全可能超过0分（因为这是一个极值）。如果他的父母关注这一系列事件，他们会非常确定地认为，这个更好的分数是那次惩罚“促成”的，即使事实并非如此。在另一个家庭中，一个学生带着20分的考卷回到家，家长决定根据这个成绩慷慨地奖励他。但在下一次测验中，学生没有办法得到更高的分数，父亲或母亲可能“发现”，奖励没有达到预期效果。如果把所有这些数据汇总一下，我们很容易认为，惩罚管

1　指某件或一系列事件的结果在某种程度上隐含了自相关的关系。——编者注

用（因为惩罚之后就会回归到期待的平均值），而奖励对人有害（因为奖励之后就会回归到较差的平均值）。

我们倾向于赋予事件一些虚幻的原因。真正了解导致这种错觉的原因，可以让我们避免放弃奖励而选择惩罚，因为事实上，很有可能激励是比侮辱更好的教育投资。这值得一试，不是吗？

思维的“框架”

从童年起，我们就学会了像搭脚手架一样构建分类，将物体、关系和人归入其中，以便理解周围发生了什么，并预测事件和他人的行为，而我们自己则能比较顺利地钻出这个脚手架。这些心理分类是有效的，能使我们给自己定位、与他人互动并获得成功。但它们也可能导致了人类思维中的过度概括[1]：从一个孤立事件或几件逸事中，很快推论出一些我们认为放之四海而皆准的规律。这使得我们凭直觉，按照头脑中的标签，即刻板印象来看待他人。

总之，我们的思考受遮挡视线的心理偏见所限。正

1　常常出现在各种诡辩（或谬误推理）中，即虚假的论据。当然，过度概括的确是一种修辞滥用。但问题不止出在修辞上，而是我们的心理表征首先出现了问题。——原书注

如柏拉图讲述的那个“洞穴之喻”，被禁锢在黑暗中的人类看不到现实，他们看见的世界只是投射在洞穴壁上的一些阴影。这些阴影是我们的成见、对一些事物的概念、部分理论观点，等等。这使我们有时会忽略世界的无限复杂性，而选择一些必然有一点错误的捷径。

这并不意味着我们注定永远对真相一无所知，但是，我们始终需要问问自己，该以何种程度相信我们以为自己知道或理解的事物。

我们在不断处理来自周围环境和我们自身的一些信息，但并非所有信息都是有用的，因此应该从环境噪声中提取相关的信号，这就需要做出一些选择。聚焦效应使我们更多地关注“这些”而不是“那些”细节，从而做出判断或决定。但聚焦效应有时会使我们忘记一大堆可能重要的信息，以便集中精力对付一个我们认为能够证明自己结论的因素，然而，如果没有花点时间问问自己，那么我们可能会漏掉一些相关环境因素。

例如，我们容易高估金钱对幸福的影响，这可能是因为社会现状使我们看到了这二者之间的一种关联，并为了获得后者而去追求前者。事实上，数据显示，一个比普通人更有钱的人一般会比较容易满足，但并不比其他人更幸福，也不会花更多的时间在一些惬意的活动上[24]。研究人员甚至证明，一次暴富得到的幸福感是不持久的。

我们不断基于一些不足的信息去评判他人，积极地为他们的行为赋予原因。因为某人属于某类群体（种族、社会、文化……）而产生偏见或负面（或正面）情绪，这非常常见。但这是对个人价值不正当的聚焦。

一旦形成偏见和成见，我们的心理表征就自动染上了对他人的行为进行暗自推理的色彩，而这些归因往往是错误的。于是，对激励自身行为的事物的看法与对激励他人行为的事物的看法之间，就出现了一些不对称信息[25]。我们认为自己是变化的、复杂的，并且能对遇到的各种情况做出反应，却判定他人是一成不变的。我们更愿意为自己而不是他人所做的事找一些正当理由，却判定他人的动机源自遗传，比如贪婪或乐于助人。

换句话说，我们容易看到环境因素是如何影响自身行为的，却无视它们对他人的影响，而更愿意赋予他人一些固定不变的个性特征[26]。这种认知偏差非常“厉害”，让我们产生了一定程度的心理安慰：他人对自己的行为负责，不会做出出格的行为，能够因自己的行为获得应有的回报。这证明世界是有条不紊的，每个人的行为都是可预见的，由此我们会产生一种控制错觉。

然而，当外部因素发生变化时，我们可能倾向于高估外在激励。比如，相信他人为了得到奖赏（比如金钱）会做得更多，而认为自己往往是因为内在激励（比如获得一些新的能力）而行动的[27]。无论在哪种情况下，当我们判断他人或自己的行为动机时，都是基于对现实的片面感知。

我们会把遇到的特殊情况一般化，从而形成成见：一些由某个群体的所有成员共享的、关于另一个群体的所有成员和本群体所有成员的个性的隐含理论[28]。这种成见的优点是能够减少世界的复杂性，帮助我们在社会环境中协调一致地做出选择和判断。而从另一面看，它是一种非常相似且简化的解读。在给人分类时，我们倾向于高估群体内部的相似性和群体间的差异性。“他人”——我们最不常见的那些人，在我们看来都很相像[29]。在司法领域，当证人讲述一个来自与其不同群体的人的事件时，有时也会产生这种偏差，这会降低证词的可靠性[30]。这种偏差或许是因为我们很难掌握他人的全部行为实例，而掌握的实例越少，我们就越倾向于削弱人的复杂性，只通过一种偏见去看待他。

成见本身并没有罪，但其会使我们抵制接受与之相矛盾的信息：其实这很容易被纠正，但我们总是固执地相信那些错误陈述。之所以如此，是因为我们愿意相信自己理解周围世界的方式是绝对正确的，而实际并非如此。我们愿意相信自己用于解读世界的方式是有效的，还特别容易过度信任自己识别他人行为的能力。

对属于自己群体之外类别的人越不熟悉，我们的判断就越容易带有成见、变得不公正，因此越有可能是错误的。一个纠正方法是，把成见看作我们需要不断改进的一些“草稿”（想法）。

自我欺骗？

偏见不会放过任何人，当然也不会放过那些声称对其免疫的人。仅仅因为读过这本书[1]，就以为自己比其他人更会思考，这种偏差叫作盲点偏差[2]，这在2002年[(31)]的一项研究中被发现。这项研究表明，人们习惯于辨别他人的而不是自己的认知偏差和动机偏差，即使研究者提供了能说明受试者的判断中存在偏差的所有信息。

我们树立了一种自我形象，然后不断给自己讲一个故事。这个恒定不变的叙事告诉我们自己是谁，我们的价值、优势、兴趣、遗憾、恐惧、计划等是什么。这个故事

1 或者写过这本书。作者需要天天努力提醒自己，能说出一些认知偏差也并不代表自己可以对其免疫。——原书注

2 指认知到偏差对他人的判断产生了影响，而未意识到偏差对自己的判断产生了同样的影响。——编者注

赋予我们自己一个积极的角色，这符合我们的利益。

在人类繁衍过程中，懂得作弊和说谎一直是有用的，而能嗅出欺骗的味道也是有用的。因此，这些能力世世代代都得到重视，于是就出现了一个问题：不被发现说谎的最好办法是不知道自己在说谎；或许，我们欺骗最多的对象就是我们自己。

这种自我欺骗会给我们的自尊心注射兴奋剂。但是，兴奋剂往往也是毒药，如果注射过量，可能会造成不理性的行为，比如过度信任自己的判断。那些所谓的精神领袖、假冒的医生、“成功学”讲师和其他“精神导师”的介绍可能很具有说服力，因为他们伴随着一种强大的自我欺骗……

我们通常以一种奉承的方式对自己说谎，以便为我们自己、我们的决定和行为保留一个积极的形象——我们前面谈到过这种自利性偏差。我们调整自己对现实的感知，以便提高讲给自己听的故事与我们的思维的一致性。我们会尽量忘记那些反面事例，为不符合情况的行为寻找牵强的借口。简言之，我们通过选择相信故事而不是事实来减少认知失调，即我们信以为真的事和实际情况的某些细节之间的不协调。我们称之为自欺欺人。

患有抑郁症的人是认知功能受损的受害者，他们通过损害自我形象来解读自我处境[32]。

我们倾向于认为自己的成功源于个人素质，这就是自我归因偏差。一名得了高分的学生很容易认为这是理所应当的，这是他努力的结果。相反，他分数较低时，则不大可能关注这些内在因素，而更容易归因于老师的教学质量、卷子太难、自己睡眠不足或其他外部因素[33]。

这个认知陷阱使我们去评估事件的因果关系，同时汇集一些内部和/或外部的原因，以便构成最终使我们在认知和情感上得到满足的叙述。这些不怎么可靠的偏见扮演了一个重要角色，加强了“内部解读”，让我们认为是自己的行为决定了我们是谁，以及我们要经历什么。这种内部解读常常会被社会文化环境强化，我们便会认为，学业成功首先是学生能力强以及其努力的结果[34]，毒瘾意味着性格软弱或脆弱，被欺骗或被强奸的人应为自身的遭遇承担一部分责任。换句话说，我们专注于一种叙述，而不自觉忽略了可能更适合解释这些事件的许多因素。这使我们的判断不公正，却使我们得以维持能控制自己命运的错觉，这在表面上要比坚持谨慎有利得多。看，我们就是这样相信自己对现实做出的各种细小安排（而不自知）的。

“人类是他自己以为的那个样子。”

——安东·契诃夫（Anton Tchekhov）

2014年到2016年，法国的一些专门用于面对面提问的问卷中，研究人员提出了有关某种津贴的问题（其实这种津贴是他们自己编造的）。可结果竟然是，有20%的被调查者说自己听说过这项津贴！统计局负责舆论研究的社会学家阿德里安·帕普雄（Adrien Papuchon）[35]调查、研究、评估之后给出了以下分析：“这些结果可以用‘专家悖论’（听说过并不存在的津贴的概率会随着受试者所宣称的知识水平的提高而增大）来解释。这种悖论在高学历者当中表现得特别明显，他们更有可能觉得自己必须向调查者证明自己的社会能力。”

与许多其他结果不同，在日本进行的研究[36]显示，一些日本受试者有自谦偏差，他们为自己的失败寻找内在原因，为成功寻找外在原因，而在评估他人的失败或成功时，这种偏差就消失了。

让我们来做个测试

加拿大的英属哥伦比亚大学教授德尔罗伊·保卢斯（Delroy Paulhus）设计了一个用来衡量自欺程度的“7分尺”。在以下7个陈述中，请用1到7中的一个数字来回答：1代表根本不是这样的，7代表和自己的情况一模一样。

- 我的第一印象总是正确的。
- 我不在乎别人对我的真实看法。
- 一旦我有了一个想法，别人就很少能使我改变它。
- 我的命运由我控制。
- 我从不为自己的决定后悔。
- 我是一个非常理性的人。
- 我非常相信自己的判断。

保卢斯认为，人们打6分或7分的次数说明了他们的自欺程度。当然，在读了之前的那些解释之后，人们的答案有可能已经受到了他们想在这个测试中得低分的愿望的影响——这是人的天性使然。

行为约束着我们

一些完全理性的人始终愿意接受一个可能的反驳，并且会毫无遗憾地抛弃后来被证明为错的观点。实际上，这不符合人性。真实情况是，我们会深信某些美丽的谎言。我们习惯于毫无理由地相信某些事，而这个习惯本身又变成了不停地相信这些事的一个理由。抛弃信仰代价很大，因为需要放弃构成了世界和自己的关系的信念的一小部分。

行为约束着我们，因为是否有能力实现这些行为，决定了我们是否有足够的自尊。“约束”通过一些倾向于保持认知和谐的机制，把一个人与他过去的行为举止联系起来。如果行为是自愿的（或者感觉是这样的）、重要的和可见的，那么我们就会更多地受到行为的约束[37]。为了保持这种自我辩护行为，我们必须坚持之前的决定是恰当的。

◉ 公开的行为比匿名的更有约束力。

◉ 明确的行为比模棱两可的更有约束力。

◉ 不可撤销的行为比可撤销的更有约束力。

◉ 重复的行为比仅实施一次的更有约束力。

◉ 后果严重的行为更有约束力。

◉ 消耗大量资源（时间、金钱、资本等）的行为更有约束力。

《控制你自己》[38]一书中介绍了两个例子：

◉“登门槛技巧”可以让你先说服对方做出代价很小的行为，然后再说服他做出代价很大的行为。同样，如果乞丐先向路人问时间的话，他得到一枚硬币的机会要比没有提任何问题而直接要钱的乞丐大三倍[39]。

◉“闭门羹技巧”则反其道而行之。这一次，先提出有崇高理由但代价过大（因此被拒绝）的要求，这会使对方接受一个类似的但代价小得多的要求，比如补偿要求。

那些懂得如何采用操纵技巧（通常以阴险的“你是否有空”开场）逐步说服别人做出决定的人，能够把听话者置于长期的、非常不幸的处境中，却从不使用暴力或威胁手段，因为听话者对自己的约束足以让其被禁锢在此前的决定中。

我们的经济和精力投入和个人兴趣往往会产生分歧。比如：我们去看电影，但非常不喜欢这部电影，体验非常糟糕，我们恨不得离开放映厅去做其他事。然而，绝大多数人还是会一直待到电影散场，这是为什么？因为，正如所有观众一样，我们花钱买一张票是为了在电影院度过一段美好的时光，可刚一坐下，我们的思维就变成：花这个钱主要是为了坐在这个放映厅里，而离开就等于损失了这个座位。在这种处境下，心理学家所说的损失厌恶心理在制约我们的行为，有时候，它会使我们的判断变得难以理解[40]。

甚至还存在着一种“约束升级”——我们会为了实际上不可能达成的目标投入资源，并且不顾一切地追加投入[41]。这种选择实际上是一种合理化尝试，与我们之前谈到的确认偏差有关。

放弃一家正在经营的企业，承认之前的努力都付诸东流了，这是一件痛苦的事，因为我们永远不想劳而无获。

一方面，我们的投入白费了，另一方面，自尊也大受伤害。

这种偏差被称作协和谬误，其名字源于那款英法两国联合投资开发的超音速飞机，它代表了一流的技术和战略挑战，但也是个烧钱的无底洞。这款飞机只生产了20架，将其投入商业运营是一个几乎不可能完成的使命，主要原因是燃油价格过高，使得企业没有收益，但结束运营则代表着损失了一笔不可接受的象征成本。2000年7月，还发生了一场113人遇难的重大事故。在此事故后，这款飞机也被最终停用。

> “疯狂是指始终以同样的方式行事并期待着不同的结果。”
>
> ——阿尔伯特·爱因斯坦（Albert Einstein）

另外，把我们与过去的决定联系在一起的约束使我们做出保证，保证做出符合共同价值观、忠于事实的判断。但是，与此同时，这种约束也使我们的偏见更深，选择范围更小，更容易一错到底。

但是，请不要自责，其他动物也经历着同样性质的挫折，我们一起来看看斯金纳的“迷信的鸽子”这个著名的案例[42]。一只饿了一段时间的鸽子被放在盒子里，里面还有一台食物分配器，这只鸽子很快就学会了使用这个装置，以获得食物。进一步，如果我们把鸽子放在一个纯粹随机分配食物的盒子里，它也会试图控制这个装置。当某种情况使得食物出现时，鸽子会重复自己的最后一个动作，希望再次获得食物。如果失败了，它会再坚持做几次。之所以会这样，是因为鸽子在自己的行为和食物出现之间建立了一种错误的认知。

小鼠和大鼠也有类似的情况，据报道，尽管任何进展或保证成功的迹象却不存在时，它们仍然会坚持完成一项任务。[43] 关键影响因素似乎是完成相关任务的时间。我们最终相信了一件不确定的事，这个过程花费的时间让我们不敢不再相信它。

正因如此，为了使世界观不至于越来越固化，我们需要不断自我质疑。

危险和风险的不确定性及感知

人类实际上想得到的不是认识，而是确定性。

——伯特兰·罗素

预言之所以复杂，要归咎于其不可避免的不确定性。

然而，人类很难去思考这些不确定性。

除了这些令人困惑的不确定性之外，风险这个概念，很难被装进一个可以协调所有感知的框框里去。我们面对某些风险（特别是与环境和健康相关的）的感知，与专家们对此所做的分析之间存在着很大的差距。不幸的是，专家们自己也会低估他们论述中的不确定性[44]。

风险和危险的区别

在日常用语中，我们经常无差别地使用“风险”和“危险”这两个词。然而，它们的意思有很大的区别，对于弄明白我们与不确定性的关系、明确它们的区别来说很关键。

危险是损失和损害的潜在来源：埃博拉病毒对我们的健康来说是危险的；一把刀代表着人被割伤的危险；一辆以130km/h的速度行驶的汽车对行人来说很危险。

风险则是指暴露于危险的情况下承受损失的可能性，与损失的发生概率和该损失的严重程度有关。换句话说，如果我们生活在法国南锡，死于埃博拉病毒的风险就很小，或者如果我们未使用一把黄油刀，被割伤的风险就很小；同样，行人不会与以130km/h速度行驶的汽车争夺道路。这些情况下危险存在，但风险很小。

人们常用以下公式来总结：风险=危险×暴露频率。因此，风险的两个关键因素是危险的严重性和暴露的可能性。正是这二者，使我们面临不确定性。

风险还涉及一些可能很久以后才会发生的事，大脑往往会晚一点处理此类事件，因此，我们通常感觉短期风险的不确定性比长期风险更大，并随之产生一些杞人忧天的想法[45]……

关于风险感知的最初研究始于20世纪60年代，其研究结果表明，比起被迫承受的风险（比如核事故），我们更能容忍一个自愿承担的风险（比如交通事故）[46]。一般来说，在西方社会中，人们不能接受那些与大多数活动相关的风险[47]。

风险的可接受性会随着它所带来的利益的大小而改变，也会随着我们在从事这项风险活动（比如吸烟）时感受到的乐趣的程度（或者相反，它为我们带来的不快）而改变。风险，正如我们所感知到的，是一个已经被可能的相关利益“染了色”的概念[48]。此类序号顺排，统改当我们感觉无利可图时，就会很容易受到零风险的诱惑。

零风险的吸引力

我们愿意付出同样多的努力，将风险从5%降到0%，或者将风险从50%降到25%（尽管后者的降幅是前者的5倍，但降到0%的诱惑力更大）。这是因为，在情况好转之后，仍然存在的最终的风险百分比对我们的影响更大——我们做了那么多，就是为了摆脱最后的这点不确定性[49]。

在1993年，一项关于美国危险垃圾管理相关决策合理化的研究[50]中，一些立法者、法官、化学或石油公司的领导、生态学家和经济学家收到了一份问卷。他们被要求选择分配资源的方式，以减少因这些垃圾而出现的污染，由此降低某两个城市中居民的患癌率。

第一个选项是部分消除这两个城市的放射性污染物，从而使患致命癌症的人数在大城市从8%降至4%，在小城市从4%降至2%。第二个选项是完全消除小城市的放射性污染物（患癌人数从4%降至0%），同时部分消除大城市的放射性污染物（患癌人数从8%降至7%）。第三个选项建议聚焦于大城市（患癌人数从8%降至3%），同时稍微关注小城市（患癌人数从4%降至3%）。统计学告诉我们，第二个选项是最差的，因为它拯救了5%的生命，而其他选项则拯救了6%。但是，11%的调查对象把它作为首选，42%的调查对象没有把它排在最后一位。研究人员认为，风险在小城市的彻底消除具有一种吸引力，从而使他们的判断出现了偏差。

生活中存在着一种负面偏差，我们可以把它定义为

“更多地关注负面的而非正面的信息，产生从中吸取更多教训并时刻反省的倾向[51]”。我们更容易受到潜在损失而不是潜在收益的影响（请回忆一下损失厌恶心理），这可能是因为我们的祖先因为坚定地避免严重错误而存活了下来，而另一些祖先则因为没有权衡自己的行为而过早地死亡了。

一旦我们知道某个选项有风险存在，就算它微不足道，我们也会放弃，即使其在其他方面有利，这就是零风险偏差[1]。我们在公开论战中可以见到“蜷缩态度”，即采取预防原则，以防止风险的残余影响[52]。零风险偏差至少引发了一部分人的对转基因产品、瘟疫、智能电表发出的电磁波等的恐慌，这污染了媒体和社会空间，完全覆盖了公众思维领域，阻止大众去关注一些更明显的风险源。相反，那些被证实的风险如果与被认为令人愉快的活动相关，人们就会选择无视。

请注意，完全消灭风险，这个贪婪的愿望本身并非是一件不理性的事。这个愿望背后有一个逻辑，即要摆脱一种不确定性，完全堵住一条有安全隐患的裂缝，从而将这个微小的问题在我们头脑中占据的（不可动摇的）位置空出来。

1　比起降低大风险发生的概率，人们更倾向于使小风险趋于零。——编者注

这个愿望是正当的，但与不受欢迎的事实相抵触：绝对安全与现实生活是不可兼容的。在大多数情况下，零风险不是现实的选项，事实上，我们应接受折中方案，也就是众所周知的利益与风险的平衡。

永远处于建构（或重建）中的记忆

现在，是时候谈一谈我本人最害怕的那种偏见了。“最害怕”这当然是一个完全主观的看法，但是，没有什么能比无法真正相信自己的记忆更让我不安的了。事实上，我们回想记忆片段的方式就已经开启了通往错觉的大门。人类的记忆并不稳定、可靠，不是在通往完好无损的过去的过程中可以查询的客观数据，而是一个与我们的现状密切相关的心理建构过程。

一想到当大家拥有共同的记忆，并因为能够相互印证而更接近于事实，我们就会感到欣慰。但是，正如前文“房间里有一个密探吗？”这部分内容所提及的，曼德拉效应会造成一些集体错觉。可能有好几个人都记得某件事，但它并未真正发生过，或者发生在另一个时间，或者有不同的参与者，或者发生的先后顺序不同，等等。这种现象太令人费解，所以会产生一些神奇的解释，因为，与满脑子都是虚假的过去这个想法相比，这些解释更容易让人接受。有时，这些解释需要引入平行宇宙的概念：某些人认为自己记得曼德拉死在狱中，那是因为他“的确”死在了狱中，但是在一个平行宇宙中。在那里，他的大脑、理智、灵魂在某个时刻分道扬镳了。

这个有诱惑力的观点的支持者们相信，他们找到了平行宇宙存在并且可以以某种方式抵达的“证据”，并放弃了“记忆可能欺骗我们”这个令人憎恶的假设。

伊丽莎白·洛夫特斯（Elizabeth Loftus）在研究中记录了大量有关虚假记忆的现象，这表明我们的确高估了目击证词的价值。有些司法错误其实源于一些真诚但是带有偏见的证词，而这些证词有时甚至是调查人员有意无意地引导的。在一项研究中，研究人员向受试者展示了一起交通事故的几张照片，之后询问他们看见了什么。对于“这辆小型卡车是什么颜色”这个问题，某些人居然能回忆起照片上没有的汽车的颜色。

克里斯托弗·诺兰（Christopher Nolan）导演的电影《盗梦空间》（*Inception*，2010年）有一些贴近现实的细腻之处：人们可以通过暗示“制造”一些记忆。某些心理治疗师相信或者想让人相信，他们所说的心理暗示法“解放”了被压抑的真实的（创伤）记忆，有时甚至能使我们追溯至在子宫内的生活记忆[1]。但是，如果患者真正体验到了找回丢失的记忆的感觉，那么，这些记忆与事实的相符性就非常值得商榷了。

洛夫特斯最著名的研究之一是商场走失实验。在这个实验中，洛夫斯特找了24名受试者，并让他们看4段童年经历。其中有一段是洛夫斯编造的：曾在5岁时在商场内走失，最后被陌生人送回家。洛夫斯特提前与受试者的家人进行沟通，以保证这4段经历看起来更加逼真（其中3段来自这24个人中）。然后，他要求受试者回忆刚才所看的经历，并详细写下来。[53]结果，大约三分之一的受试者会把那段虚构的记忆说成自己的，甚至还补充了许多编造的细节。[54]特别是，当研究人员提供了一张假照片——甚至是那个时代的随便一张照片，来增加这个事件的可信度时，情况尤甚。[55]

但这里也有一些好消息：研究指出，如果有人在类似的实验之前，说明4段经历中有虚假记忆，那么这种误导的影响就会减弱。[56]可惜的是，如果虚假记忆已经被制造出来，那么这种提醒就几乎没用了。[57]因为，

---

1 2012年，法国的Benoît Yang Ting被判敲诈罪，因为他从一些患者那里骗取了几十万欧元。他引导其中一人“回忆起”自己在母亲的肚子里差点“被流产”的经历。——原书注

对于有过一次编造记忆经历的人而言，当时的感受与真实记忆带来的感受是一样的——仅凭主观经验，没有任何办法可以区分真假[1]。假的与真的给人的感觉完全相同，分辨真假就十分痛苦。所以，正如应对所有的认知偏差一样，“预防”胜于“治疗”。

虚假记忆可以自发产生，常常来源于对可用信息的错误解读——而这又与一些认知偏差有关。那些讲述自己有过濒死经历、遇到过超自然现象或见到飞碟并能列举出不可能的细节的人，曾经有可能处于反常的、特殊的情况中，他们随后会根据自己的认知或周围人的影响来分析和解读这些情况。

记忆的深刻程度是不同的，一些记忆消失了，另一些则保留了下来。俄国心理学家布鲁玛·蔡格尼克（Bluma Zeigarnik）用自己的姓为她在20世纪20年代发现的一种现象命名——蔡格尼克记忆效应，指尚未完成的目标会比已经完成的目标更深地刻在记忆中。蔡格尼克观察到，一些服务员能够记住非常复杂的菜单，可一旦食物上桌或账单已结，他们就很快忘记这些菜单的细节。为了证明她的结论，蔡格尼克要求一些孩子在一天内完成20

1　未来，医学影像可以帮忙，因为在感觉上更丰富的真实记忆会比虚假记忆更容易激活某些皮质区。[58]——原书注个任务（拼拼图、串珠子等）；并安排一半任务能被完成，一半任务完不成。几天之后，她请孩子们列举他们应该完成的任务，结果发现，那些未被完成的任务被列举的次数是其他任务的2倍。[59]

这有点像《天方夜谭》（*The Arabian Nights*）中所讲的故事：少女山鲁佐德每晚开始讲一个新故事，却不讲完，造成了一种“吊胃口”的效果，使原本因爱生恨决定每天早上杀掉一名少女的山鲁亚尔因为期待结局而饶了她的命。聪明的山鲁佐德讲完一个故事后立刻又开始讲一个新的故事，让山鲁亚尔又紧张了一天。

在许多情况下，记忆都会偏离现实，而且，“新记忆”会层出不穷[60]。下面，让我们一起看看其中最常见的一个吧。

后视偏差指的是人们会用事件的结果去解释事件发生的原因或过程。例如，人们常说：“我早就料到我们要倒霉了。”“说实话，我并不感到惊讶。”当一对情侣（或者一对明星情侣）分手时，人们突然能轻易举出一大堆理由说明他们的爱情故事本就不可能长久。我们之所以会犯这种错误，是因为后视偏差使我们更坚定地相信，世界是可以预见的且未来没有任何（过于）不可预见的意外。

这种偏差有三种存在形式[61]。（1）记忆扭曲：我们会改变自己过去的判断并断言“我早就说过”。(2)不可避免性:它会在我们做出宿命论的判断(即对事物的秩序的证明)时表现出来。(3)可预见性:它使我们相信自己本可以看到这一切的发生,相信存在一些微弱的信号,我们只需要看见它们、理解它们、正确地解读它们……

知道这些偏差就能够对它们免疫吗?

图书馆的书架上摆满了关于能帮助我们成为更好的自己的书籍,千篇一律的自我发展手册细数着安逸与幸福的秘诀,同时又让读者对可能的事业失败自我负责。这种让人恼火的流行趋势迫使我多写了以下几行字,以免人们误以为我关于认知偏差的介绍能够使读者(或作者本人)变得更聪明,从而不犯推理谬误。仅仅读几本书就能避免推理错误,这是一种错觉。其实,更重要的是实践。

这种警告被称为“G.I.Joe效应”,是耶鲁大学心理学教授劳里·桑托斯(Laurie Santos)参考20世纪80年代一部有名的动画片《特种部队》(*G.I.Joe*)后提出的。在这部动画片的美国版本中,每一集的结尾都有一部短片,讲解遇到火灾时、在人群中走失时,或发生争执时的最佳应对方式,使孩子们学会识别他们应保持谨慎的那些情况并记住应采取的正确态度。孩子们齐声喊“现在我知道了”，然后主人公——特种部队的乔就总结道：“知道，就等于战斗赢了一半。”

这个愿望是美好的，但却是错误的，理论上了解了并不等于在实践中“赢了一半”。

为了深入理解这一点，我们可以回顾一下那些视错觉。空想性错视和其他许多错觉，比如奥尔比逊错觉（illusiond'Orbison，见下图），是一些持久的错误感觉。图上画着一个正方形，但这幅图的背景改变了观者的感觉，让人觉得这个正方形变形了。然而，我们知道，这的确是一个正方形，因为已经被告知了[1]。

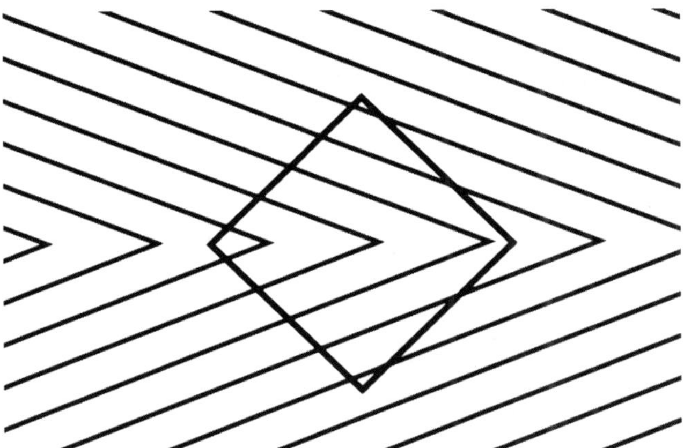

1　或者，我们已经借助一把角尺和一个圆规确认了这一点，这合情合理。——原书注

知道这的确是一个正方形，无助于我们从视觉上重新确定这个图形的真正形状。我们面对错觉时获得的感觉经验始终是虚幻的，不会因为一种特殊的知识而被纠正。并且，错觉不总是关于视觉的，也可能是关于数字的，而且如果它与同意下注或投入的金钱相关，我们的行为就会更多地受到有偏差的感觉经验的影响，而不是纯粹的数学事实的影响。这就是某些市场营销技巧行得通的原因：我们的“缺乏理性”在总体上是可预测的。[(62)] 我们对降价50%的折扣很敏感，即使我们判断原价已经提高了一倍。知道这一点，并没有使我们免受心中的逻辑错觉的影响。

当我们审视自己的行为时会发现，知道应该做什么和实际做了什么之间的差距是明显的。我们看到，坚持做出高尚的行为十分罕见，坏习惯比好习惯更容易养成，只有激励是不足以让人真正努力去改变自己的，知道规则也不代表人们会全心全意地去遵守。

我们能摆脱认知偏差吗？

人类大脑是在漫长的历史中一代一代遗传下来的，在这段历史中，我们的祖先从未真正掌握与他们遇到的问题相关的全部信息，他们不得不采取一些相近的行为，同时要考虑周围环境中无处不在的因素的超常复杂性。

我们已经看到，认知偏差是捷径，是在需要大量时间和努力才能正确处理信息的情况下，快速分辨意义和做出回应的模式。我们的情绪——这些经过加工的思想，被纳入一种特定的模式，使我们对周围环境做出反应，而且往往是以正确的方式做出反应。如果不能在同一行为中平衡各种感觉，那么我们就无法摆脱情绪——认知偏差也是如此。但是，这并不意味着我们什么也做不了，只能落入陷阱。

我们大多数时候还是具有超强的推理能力的。认知偏差只会在例外情况下把我们引向灾难，这是显而易见的。既然这么说，对上当受骗认命将会使我们几乎心甘情愿地变成那些营销、宣传老手们的猎物。所以，最好的办法是自我改进，以求训练自己的批判性思维。

那么，我们的大脑经由训练能少一些偏差，多一些理性吗？我们能锻炼自己的批判精神，以求改善在新环境中面临新问题时的表现吗？（或者，我们是否局限于一种服从性，只有在一些典型情况下，才会采取“正确”反应？）

最近的一些研究带来了一些希望。例如，在其中一个实验中，研究人员向志愿者们介绍了六种认知偏差，然后让他们参与一些测试。这六种偏差分别为锚定效应、盲点偏差、确认偏差、基本归因错误、投射效应和代表性偏差。研究人员还为受试者提供了一个个性化的反馈、一些减少偏差的策略和一些练习。在受试者熟读以上内容后，用一些测试来检验他们对认知偏差的了解与掌握程度。结果显示，偏差在短期内减少了30%，更有趣的是，实验过去2到3个月之后，偏差的减少率仍然大于20%。[63]

2010年的一项研究分析了1000多笔金融投资并表示，当组织在其决策过程中采用了一些减少偏差的策略时，其收益平均增长了7%。[64]这并不意味着偏差率减少了7%，而是说明，在采用了仍然相当有局限性的方法之后，即取得了非常明显的改善效果。

但是，如果我们想进一步自我改进，有一个办法似乎比参与训练、练习或课程更有希望，那就是关注我们的判断与选择产生的环境。

大脑是一个为团队协作而生的工具[1]，人类智慧的最卓越的功绩都是集体创造的。在一个为了共同目标紧密团结在一起的小团体中，个人的偏差不再是“缺点”，因为我们天生具有发现别人的错误的能力。于是，其他人往往能够指出我们的错误，只要我们肯倾听。

---

1 我们可能知道，说某个器官是为了某个目的或结果而存在的，总是会招来责骂。因此，这段表述的确运用一种语言的夸张手法，但它相当震撼人心，因此可能被人记住。而且，这个脚注增加了这种可能性。——原书注

7

辩论文化

在激烈的辩论中，我屈服于对手的理智时，我觉得战胜自己比因为他的弱点而战胜他要自豪得多。

——米歇尔·德·蒙田（Michel de Montaigne）

对和错是两种对等的状态，也即，错的人感觉自己与对的人一样自信、一样好、一样掌握真相，因为他不知道他错了[1]。我们很容易理解，因为错的人只有在他抛弃了错误观点时才能意识到自己错了[2]。在他抛弃错误观点的那一刻，他就对了，这样一来，就永远没有明知故犯的人了。因此，所有人都是对的吗？

我们清楚地知道并非如此。我们也知道，在某些问题上，没有一个可以用理性规定的通用的正确答案。但我们依然应该掌握一些方法来检验自己的认知是否可靠、观点是否有证据支撑、判断是否公正。其中一个方法（可能也是最好的方法）就是推行辩论文化。

我们大家都需要的不是强迫别人接受自己对事物的观点，而是懂得承认自己的错误，从而去支持那个为我们所用的错误最少的观点。

在辩论中，我们可以衡量自己观点的有效性，并把它与对方观点的长处作比较。真正的辩论，并不是电视上定期播放的被称作“政治辩论”的那种。在上述电视节目中，辩论双方的目的是说服没有参加辩论的人，而

1 我们对判断的自信程度与自己的真实能力水平的关系不是那么密切。达克效应（effet Dunning-Kruger，1999年）告诉我们，没有能力的人会高估自己的能力，这也被称为过度自信效应。——原书注

2 这与欺骗相反，欺骗是欺骗者让别人相信他不知道自己错了。——原书注

不是听取对方的建议。媒体上的“辩论者”自称永远不会改变观点，但却用低级甚至下三滥的论战手段蛊惑群众，从而使“对手”的话失去可信度。

相反，真正的辩论应该是一听到更好的想法就完善自己的观点，其目的永远不是赢得这场辩论，而是从中获益。获得一次真诚交流的机会，同时对世界有了更多的想法、更多的视角，并对某些细节有了新认识的人当然没有输，因为辩论使他有所收获。所以，辩论并不是一场赢家将剥夺对方一切的零和博弈游戏。

辩论为何如此之难?

辩论如此之难，原因可能来自我们所受的教育，因为反驳他人被认为是不礼貌的。还有一个原因是，当观点受到批评时，我们会立刻感到自己被贬低了。辩论文化的主要障碍是人们不断地、无休止地、顽固地将思想和人混为一谈。

比如，有人可能认为占星术不够科学，其原理基本上是错误的。但是，那些相信占星术的人常常会理解成他们自己被指责为迷信的和可笑的。所有内容可商榷或有争议的演讲也一样：一些遭到攻击的观点的支持者们感觉自己受到了人身攻击。在这种情况下，他们只能自我辩护，而让他们改变观点几乎是不可能的，因为在他们眼里这等于是把胜利让给了“攻击者”。

辩论者常常将观点与人混为一谈，自以为是地判定他人“相信这个很傻”“那样说很幼稚”“被仇恨鼓动”或者“受到他们蛊惑”。

因此，我们应该尊重所有人，其必然结果是，完全、无条件地“不尊重”所有观点。因为，如果要尊重我的对手，我就应该能自由地批评他的所有论据和任何观点。如果一个观点变得不可侵犯，且不受这场有论据支持的对话的影响，那么对这个观点的一切反对意见都将无法通过交流来解决，最终还有可能引发暴力。

我们要明白，这里谈到的“不尊重”仅仅是指我们允许自己提出批评，不把任何事情当作禁忌或不可讨论的。出于震惊而冒犯性地不尊重别人的人，已将自己置于挑衅或亵渎的境地，如果他想以此来获得辩论的胜利，那他就犯了严重的错误。

人与人之间存在两种关系：逻辑或战争。请一定要求对方提供证据，提供证据是一个人应有的基本礼貌。

如果被拒绝，请记住，您正受到攻击，他想用尽一切办法让您服从。

——保尔·瓦雷里（Paul Valéry），《泰斯特先生》（*Monsieur Teste*）

关于误解

不要在存在误解的情况下做出批评，因为矛盾往往源于误解。

为了防止误解他人，永远不要预设说话者的言外之意，而是要问清楚，以便排除那些错误的解读。这样一来，我们就不大会歪曲他人的想法，也不大会武断地揣度他人的恶意，并回之以人身攻击或毒辣的讽刺。

尽量使用非暴力沟通，即解释我们如何理解对方的话，以及它引起了我们怎样的情绪，而不是去评判对方做的事，似乎是明智之举。比如，如果我想对某人说他的表达方式让我感觉被冒犯了，那么我说他具有侵犯性就是不恰当的。我的被冒犯的感觉是不容置疑的，因为这是我的感受，但同时这只是我自己的解读，我不应把它认定为唯一的事实。这可能只是一个误会，对方要表达的根本不是我以为的那个意思。如果我表达了自己的感受，对方也会去考虑我的感受，我们可能就会在更好的状态下重新开始交流。

批判性讨论的行为准则

真正的辩论——那些不以作秀、贩卖一本书或传播一种思想为目的的辩论，应遵循以下原则：

◉ 人道主义原则：我们应当始终认为，对方所说的话是有意义的，如果我们站在他的立场并掌握了他所掌握的信息的话，也会坚持同样的观点。简言之，对方是一个与我们一样复杂的人。

◉ 善意原则：我们应努力站在对方的立场上去看待他所说的话，以便理解其背后的意图。这种善意的解读可以防止我们斤斤计较地攻击对方的说话方式，并促使我们采用与稻草人谬误[1]相反的“铁皮人立场”，即我们需要理解对话者的论据，并以最有利、最令人信服的形式复述它，以便与对方一起检验它的价值。如果不这样做，我们的一切反驳都会显得不诚实，从而引起对方怀疑，而不是推进这场辩论。

◉ 诚实原则：尽管前面两条中已经暗含这个原则，但还是有必要再明确一下。为了好好辩论，我们不应该假设对方想一套而说另一套。请注意，不违反这个原则的一个

1 一种修辞手法。指以明显错误的方式将他人的观点过分简化，目的在于使对方更容易被驳倒。——编者注

好办法是，根据猜想对方会如何揣测我们的意图来做出判断，并认为他也是这样做的。

◉ 认知谨慎原则：每当我们想表达一种肯定或怀疑时，就应该把信念建立在我们所掌握的证据的基础之上。

◉ 自由表达原则：显然，只有当人们可以自由而充分地表达自己的意见，而不担心自身的安全或地位时，才能产生有效的意见冲突。因此，如果需要遵守一些禁忌、避谈某个不可侵犯的话题或不容置疑的教条的话，辩论将可能无效。

◉ 辩护义务原则：每个人都应为自己的声明辩护，否则就要撤回它们（这是举证责任）。一个论据一旦被驳倒，就不能再用了。

为礼貌辩护

我们的承诺、选择和决定取决于自己的认知以及我们以为自己知道什么和想要什么，而这一切都源于我们与周围的认知产物的互动。很多时候，我们被封闭在气泡中或过滤器之后，不愿费力去思考自己的想法。没有什么比忘记我们为什么持有某种确定性想法更容易的了，并且在这样做的同时，我们也忘记了如何去怀疑它。我们需要定期怀疑自己的信念，检验自己和他人的表现——这需要通过交流、提问和辩论来完成。但这有时会令人不悦，甚至难以忍受。

在面对恶意、侮辱、误导、影射和讽刺时，我们失去了耐心，为对手贴上贬义的标签，按照某个激进派最口若悬河的信徒（往往只代表他自己）灌输给我们的思想来判断那些与我们观念相悖的观点……而我们最终又回到了最初的假设，错误地确信我们的立场是正确的。这种低质量的辩论几乎不能使我们审慎地检验自己的观点。

损害一个观点最恶毒的方式是故意用错误的论据来为它辩护。

——弗里德里希·尼采（Friedrich Nietzsche）

我们清楚地知道，辱骂对手是没有用的，粗俗不是一种论证方式，任何人身攻击都无助于对方认同我们的观点。

从孩子很小的时候起，我们就反复向他们灌输要讲礼貌（“辱骂、吐痰、对人大喊大叫，这些都不能做”“我们不能用手指去指别人”“注意你的言行”）。

不遵守规则的人很难获得他们想要的东西，除非通过暴力，而暴力行径在一个健康的社会不会持久。在发生观点冲突时也是如此，我们有必要意识到一些默认的行为准则：在缺乏基本的礼貌时，我们可能无法获得想要的结果，尤其无法获得别人的信任。

由哈佛大学的埃伦·兰格（Ellen Langer）[1]领导的研究证明，我们会不自觉地给一个将要进行的辩论赋予某种价值。在这个实验中，这位心理学家的助手们的任务是，试着在大学图书馆复印机前排队的人群中插队（当时是1978年）。他们要按照脚本行动，而且必须对他们想插队的人说以下三句话中的一句：

- （只提出要求）“我有五页纸。我能先用复印机吗？”
- （提出要求并附带一个理由）“对不起，我有五页纸。我能先用复印机吗？因为我快迟到了。”
- （提出要求并附带一个不合适的理由）“对不起，我有五页纸。我能先用复印机吗？因为我需要复印。”

第三句话显得有点荒谬，因为它没有提供任何新的信息，而第二句说明了“我快迟到了”。研究人员们比较了这三种情况的成功率，得出的结果使这个实验出了名。在第一种情况下，60%的学生接受被插队。在第二和第三种情况下，插队成功率分别为94%和93%。换句话说，提供一个荒谬的理由与提供一个合适的理由的效果一样好。

这项研究说明，只要有人给我们一个理由，即使它是假的，我们也更愿意做一些事情。但这也让我们看到，我们特别容易接受看上去结构严谨的论据。这种凭借直觉的行为表明，礼貌用语是多么受欢迎，因为它符合我们对理由的自然设想，并能消除有时会使我们的推理被扭曲的认知偏差。

我们应抵制粗鲁的言行，并避免在多数社交场合使用它们。孩子们很快会理解，讲礼貌为他们打开了一扇扇大门，让他们有机会与他人进行有成效的交流。

礼貌也代表我们对他人的尊重，代表我们承认他人有权为不同的观点辩护，代表我们期待得到他人同样的对待——提供证据。

无论如何，这都值得一试。

理性辩论的十条规则

如果我们的目的是赢得辩论、给人留下深刻印象、获得赞同或者使对手丧失威信，那么我们可以在叔本华的畅销书《辩论艺术》（*Die Kunst, Recht zu behalten*）中找到需要的东西。相反，如果我们认为从辩论中获益、反思自己和摆脱自己的错误观点比赢得辩论更重要，那么下面的建议更有用。

这十条规则引自一份著名的清单，有选择性地列出了理智的人平时须避免的错误。

1. 不要攻击人，只攻击对方的论据。

“这家伙有一张好似黄鼠狼的脸，就像所有说谎者一样。因此，他是个说谎者，他所说的一切都是假的。”

人身攻击往往会指出谁是反驳者以及其立场、利益冲突、过去的声明和自相矛盾之处。人身攻击往往是一种诡辩，这是在为对方定性，判断他的话必定为假。

2. 不要为了驳倒某人而歪曲或夸大论据。

“反对占星术的人认为星宿对我们没有影响，那么去问问那些水手，月亮是否对潮汐没有影响！”

稻草人谬误的目的是歪曲对手的论点，以故意削弱甚至荒谬的形式来呈现它，以得出它是假的这个结论。

3. 不要用少数来代表全部。

“这是第三个热衷于电子游戏的连环杀手，因此，电子游戏会使人变得暴力。”

我们很容易从特殊的情况中得出普遍的结论，尤其在基于一些逸事来进行论证时。但实际上，过度概括是一种不合逻辑的推理方式。

令人惊讶的是，人们很少注意到，在几乎所有杀人犯家里都能找到洗发水，那么洗发水会使人变得暴力吗？

4. 在论证自己的观点时，不应假定某个前提是真的。

“超自然现象之所以存在，是因为我有过只能被视为超自然的经历。”

在论证中，前提是为支持结论而提出的命题。典型的例子如下：

（1）人类必然会死亡。

（2）苏格拉底是一个人。

（3）因此苏格拉底必然会死亡。

如果前提（1）和（2）是真的，那么结论（3）必定是真的。在这个例子里，我们没有任何理由怀疑这些前提，但是情况不总是这样。有时候，论据的提出方式是使我们试图证明的东西包含在前提中，而不是在证明过程中，这就是所谓的预期理由[1]或循环推理[2]。

5. 不要这样论证：因为某件事发生在另一件事之前，所以某件事是原因。

“我肚子疼了三天，吃了一根莫尔托香肠后的第二天，就感觉好些了。我原来不知道，莫尔托香肠还能治肚子疼。”

找到因果关系的强烈诱惑使我们看见了并不存在的关系。我们常常混淆相关性和因果性，而且倾向于认为如果两件事吸引了我们的注意力且以某种顺序发生，那么它们之间应该有某种关系。这被称作“后发者因之而发”。

6. 不要把争论缩减到只有两个选项。

二选一有极强的繁殖力，因为我们很少能在面对问题时列举出我们所掌握的所有选项，而往往会将选

1 指引用真实性尚待体验的判断作为论据的逻辑错误。——编者注

2 指用论据证明论点，又用论点证明论据，是一种看似合理实则无效的推理方式。——编者注

项减到最小数目，有时是两个。于是，我们就遇到了一个假的两难困境。

7. 不因无知而断言一个命题必定为真或为假。

“5%的UFO（不明飞行物）现象都没有得到解释，这恰恰是外星来客存在的证明！”

世界是无限复杂的，我们不可能知道、理解一切，而且这种状况可能会一直持续下去。关于至今未能解释的问题，仅仅因为没有任何其他解释可用，就认为我们的假设是正确的，这是不合理的。这是诉诸无知[1]谬误。

8. 不应把举证的责任放在质疑的人身上。

“请向我证明自由意志不存在，否则它就是存在的。”

我凭什么相信你，而不是认为你上当了或者试图让我上当？怀疑某个断言的真实性的人不需要证明任何事。要求怀疑者提供反驳证据的人犯了举证责任倒置的错误。

9. 当二者之间没有任何关系时，不要断言“因为

---

1 指断定某结论为真，只因其未被证明为假；断定某结论为假，只因其未被证明为真。——编者注

那个，我可以说这个”。

塞缪尔·哈内曼（Samuel Hahnemann）是顺势疗法的创始人，他认为，如果某种物质产生的症状类似于某种疾病产生的症状，那就意味着这种物质在无穷小的量上可以与该疾病的症状抗衡。哈内曼的结论并不是从他的前提中得出的。[1]

当结论不是从前提中得出时，它就是不合逻辑的诡辩。

10. 不应说，某事物颇得人心，所以它就是真的。

“某人的最新著作在销量排行榜上名列第一，所以它是本季最好的书。”

1 该内容来自法语书*Dictionnaire Sceptique*，直译为《怀疑论者词典》。——原书注如果周围的许多人都做某事，我们就会跟随他人。对于人这种社会性动物来说，这是一种默认的、更有利的行为。但是，我们已经看到一些人——甚至很多人上当了，因为多数人可能是错的。这也就是诉诸人气[1]谬误。

这张有些随意的小清单不是教条，只是可以让我们朝着有利于改变自身认知的方向转变。最后，让我们以艾萨克·阿西莫夫（Isaac Asimov）的方式[2]想象第0条规则，一个寻求更好的论证方式的基本原则，用尼采的话来说就是：

0.“当你面对自己时，对于别人用来反对你的思想的东西，永远不要避而不谈，这是思想者首要的诚实。”

因为，深思熟虑的批评是从自己开始的……

1 认为流行的一定是对的。——编者注

2 艾萨克是一名科幻小说家，他曾在其著作中，为机器人制定了三条规则。后来他又补充了一条，该条规则优先级别最高，被视为总规则，又称为第0条规则。——编者注

8

“真实”的暴力

某些人认为，清晰的认识是可怕的。

——理查德·道金斯（Richard Dawkins）

怀疑论者希望将人们从虚假的信仰、错误的信念，甚至有争议的思想观念中唤醒。他们是出于好意的，目的是希望所有人都能更理性地进行思考。

有理并不代表有一切权利

与笨蛋辩论，指出其矛盾、揭穿其伪善；讽刺地证明非科学论点的荒谬性，这的确会带来快感。我经历过许多这样的小胜利，心中混杂着不可置疑地占了上风的满足感以及没能从被击败的对手那里得到排解的沮丧感。我是有理的，这无须怀疑，至少在逻辑上。但只是有理，还不够。

因为未能真正获得预期的结果，即对方改变观点，所以我事实上并未真正获胜，这些精神上的微不足道的快乐最终是没有意义的。所以，我必须改变方法。我想，很多怀疑论者可能都会对自己提出同样的问题。或许，我们应该追求更好的效果，不应总拿那些套话做托词，比如："与一个白痴辩论，就像与一只鸽子下国际象棋。无论你是什么水平，鸽子都只会掀翻所有棋子，在棋盘上拉屎，并趾高气扬地走来走去，好像它赢了一样。"我们从中得到了满足感，但我们应该做的是去改变周围人观点，而不只是守着可能有的优势自我宽慰。

既然如此，为什么不经常做做以下心理练习呢？站在对方的位置上，想象我们将如何忍受一个怀疑论者的发言。没有人想让自己变成一个令人难以忍受的、总是有理的家伙。不幸的是，这恰恰是我们在冒昧地质疑他人的观点时所扮演的角色。

就个人而言（逸事永远不能成为证据，但却是很好的例子），当我质疑关于金字塔的建造者、绿色产品的益处、转基因产品的风险，或人死后灵魂的不明真相时，我在网络上接收到了许多敌意——一种与我所表现出的粗鲁或讽刺无关的敌意。但是，这种敌意在因我的话而引起的被侵犯的感觉中找到了存在的正当性。那些人侮辱我，因为他们认为他们应当自卫。

信念并不是偶然产生的，那些涉及健康、世界起源或我们的灵魂归宿的观点得到如此强烈的捍卫，并非没有道理——它们令人安心，所以对于支持它们的人来说很重要。更确切地说，这是这些人在确认，是他们在对一种令人安心、舒服和上瘾的某种世界观的再次确认。因此，只是表达出合理怀疑，就可能被理解为在施暴。

无心的暴力

持怀疑态度的发言会惹人生气，因此最好不要轻易、草率、粗暴地对他人不断提问。

首先应该记住，我们的信念的形成受到无数因素的影响，那些维护有害观点的人也一样，因为他们不会毫无理由地去相信某件事，他们相信自己所信的事情也不是完全“有罪”的。比如，某人持续分享一些错误且危险的信息，但是我们不该不假思索地就对之进行评判，不要把他个人与其观点混为一谈。

那些想用博学的发言来辩驳某些荒唐陈述的人，可能无意间实施了暴力，因为那些我们用来打破认知舒适区的知识，对那些被排除（或感觉自己被排除）在这个知识传播圈之外的人并不友善。

知识学习需要专注，人从小就应该学习知识。最好是去一个设施完备、拥有善于倾听的教师的好学校读书；尤其是，去上学的时候要吃饱饭、休息好并能够完成作业；如果可能，还需要一个成年人的支持。教师们要求学生在家完成许多作业，原生家庭状况良好的人则拥有了诸多的优势。而对于有些人，获得知识所付出的成本却更多。

知识代价高昂，因为学习要花时间，而学成一种专业知识技能甚至需要好几年。在这段漫长的时间里，那些缺乏资源或支持的人可能在拿到文凭之前就放弃了。

知识代价高昂，因为社会将某些人推到局外人的位置，这些人没有机会去图书馆、博物馆或大学。

事实上，知识的缺乏首先损害的是没有知识的人，就像最有毒的信仰的主要受害者通常都是那些极端信徒们。然而，想象我们可以把一种知识强加到一个人的头脑中，或者强制性地把某种错误的信念连根拔除，则是轻率的。

缺乏科学教育的危险性需要被严肃对待。在我们生活的这个时代，用智能手机在两分钟内就可以找到大部分问题的答案。然而，世界是复杂的。年轻一代（但不只他们）产生了错觉，即快速获取信息是保持对世界的客观性的保障工具。然而，美国记者和讽刺作家亨利·L.门肯（Henry L. Mencken）完美地总结了我们将遇到的绝境："每个复杂的问题都有简单的、直接的且错误的解决方法。"我们应该了解（或重新了解），两分钟的网页浏览不足以明白一种病毒的危险性、一个社会政策的有效性、一项能源战略的碳预算，或者一条科学理论的价值。

我们要做的应该是问问自己：如何向某人证明，他应该去为他轻信的事寻找证据？该如何向一个不愿思考的人解释有条理的思考的必要性？该如何与一个认为改变主意就等于背叛自己的人辩论？

不惜一切地捍卫怀疑主义？

如果质疑带有潜在的暴力，那么我们需要表现得温和一点。挑衅、讽刺和嘲笑可能有其作用，但把它们留给职业骗子为宜。面对最固执、言辞最激烈、最不讨人喜欢的那些人，只要他们不再动辄破口大骂，而是努力认真辩论，那么，如果我们自信能够使他们改变观点的话，就应该付出更多的努力。

如果面对的不是人，而是一些有益的论据，那么我们可能会更加高效，甚至会以前所未有的速度自我学习。你会这样做吗？

怀疑论者与其他所有人一样，可能会犯错，可能会上当。当被质疑发生在他们身上时，他们更愿意改变想法，抛弃自己的错误观点。但是，如果我们给予的只有尖刻的训诫、煽动性的指责和带有冒犯性的批评的话，他们将很难改变想法。而如果他们没有如预期那样被说服，我们也不必徒劳地向他们表达愤怒，因为他们今后迟早会理解的。

9

剖析无稽之谈的工具

当水使一根棍子弯曲时，我的理智会把它拉直。

——让·德·拉封丹（Jean de La Fontaine），

《月亮上的动物》（*Un animal dans la Lune*），1678年

三千年来，所有文明中的哲学，都产生了一些平庸、教条和错误的观点。但在历史长河中，也形成了一些辨别真假的方法，科学就是其中最适合产生对世界及其居住者的客观（或几乎客观）认识的方法。

不一定非要献身于哲学和科学，才能掌握适合的工具，以纠正某些被歪曲的推理，并训练自己在合适的时候运用这些工具。

以下是用法相对简单的七个理性工具，能更有效地怀疑那些陈述、假设或解释。运用这些工具的方式有上千种细微差别，只有在不同环境下实践之后，才能评价它们的好坏。

平时，在能想起不应该轻信的所有情况下，我们都可以运用这些工具。

奥卡姆剃刀原则

每个人的大脑都有能力完成非凡的壮举。尤其是，我们具有一种十分重要的直觉推理能力。即使直觉经常被误导而不能盲信，但不得不承认，我们能够自发地进行一些非常复杂的心理活动。

我们能够推理出一些了不起的因果关系，并从中得出对世界的阐述并用思维方法对之加以完善。

我们总会选择那些“节约精力”的解释。例如，为了解释一场火灾，人们会优先考虑是事故还是犯罪事件，再考虑是自燃还是外星攻击。

“如无必要，勿增实体”，维廉·奥康[1]（William of Ockham）在14世纪就告诉了我们这个道理。人们把这个原则称作“奥卡姆剃刀原则”或者“简单性原则”。在哲学上，“剃”意为“去除对一个现象的不可能的解释”。

然而，请注意！虽然最简单的假设往往是最合适的，但这并不意味着最简单的假设一定是最正确的。另外，这个工具也不能提供最低限度的证据数量到底应该是多少。相反，它更适合用于没有证据的情况。只有在猜测可能原因有什么时，它的使用才是恰当的。它允许我们在所有假设中做一个选择，以优先考虑这个选择。因为，每个人的时间都是有限的，我们不能检验所有假设和引证。但是，我们都有一些推理方法，以避免误入歧途或者过于相信一些未经证实的假设。

1　事实上，他是用拉丁语写的这句话：“*Entia non sunt multiplicanda praeter necessitatem*”，这更严谨一些。——原书注

罗素的茶壶

1952年，哲学家伯特兰·罗素(Bertrand Russell)为《插画杂志》(*Illustrated Magazine*)撰写了一篇文章(但从未发表)，文中虚构了一个茶壶。这篇文章的题目是《上帝存在吗？》(*Is there a god?*)。

以下是原文摘选：

如果我说，地球和火星之间有一个陶瓷茶壶沿着椭圆轨道绕太阳转，那么，没有人能对其证伪，只要我事先说明这个茶壶太小了，以至于我们最厉害的望远镜也探测不到它。但是，如果我断言，我的观点不可能被驳倒，人类的理性不允许怀疑这件事，人们会立刻认为我是一个痴迷幻想的人。然而，如果这个茶壶的存在在一些古籍中有所描述，而且每个礼拜天都会被当作神圣的真理来传授，并在学校被灌输给孩子们，那么，任何质疑它存在的行为都会被斥为异端。

罗素的茶壶理论有时被认为是奥卡姆剃刀原则的一个变体，但它主要是为了提醒我们重视举证责任。做出断言的人应该为其陈述提供证据，而不应该要求反驳者举证。

一个假设应该提供基于现实的可检验的证据。

“*Quod gratis asseritur gratis negatur*”（“在无证据情况下被断言的事可能在无证据情况下被否认”），在这句据说为欧几里得所作的诗中，我们注意到，在关于“否认”的意义上，我们应该表现得谨慎一些。如果某人断言“X是真的”却没有证据，那么他理所当然可以抛弃这个观点，但是这不等于说“X是假的”。这只是宣称“X是真的”是一句无价值的话。

怀疑主义曾经提出了一些同一类型的隐喻：会飞的意大利面条怪物、隐形的粉红色独角兽，甚至还有卡尔·萨根的龙，也就是下面我们要讨论的内容。

卡尔·萨根的龙

美国天文学家、伟大的科学普及者和怀疑论者卡尔·萨根（Carl Sagan）在他的最新著作[1]中虚构了一种情况（不由得让人想起罗素的茶壶），从另一个角度阐述了可反驳性的问题。以下是以《偏见》节目的形式讲述的这个故事。

门达克斯：噢，对了，弗莱德，我已经告诉你我的车库里有一条龙了吧？

弗莱德：真的？我可以去看它吗？

门达克斯：它在我的车库里，弗莱德。

弗莱德：那我们去你的车库吧。

门达克斯：我们到车库了。我来开门。

弗莱德：我没看见你的龙啊，你把它藏起来了？

门达克斯：不，它是隐形的。

弗莱德：一条隐形龙？你确定吗？

门达克斯：你没必要用这么轻蔑的语气。这是我很喜欢的一种动物，你用这种方式谈论它，让我难受。你要是相信我就好了，咱们谈点儿别的吧。

弗莱德：我知道你相信有龙存在，我也有可能会相信你。或许，你的龙在地上留下了一些脚印？

门达克斯：它是飞龙！

弗莱德：哎哟！它会喷火吗？

门达克斯：它是一条龙，当然会喷火！否则还能是什么！

弗莱德：如果它在我面前喷火，那就相当有说服力了。

门达克斯：我们不能要求一条龙听从指令喷火，这是不礼貌的。

弗莱德：原谅我。但是你坚持要说服我的，那么……我知道了，我们在车库一角安装一台摄像机，我们应该最终能看见一束火苗。

门达克斯：它喷的火也是隐形的。

弗莱德：我们可以使用一台热敏摄像机。

门达克斯：龙喷出的火不会散发出摄像机能探测到的那种热量。

弗莱德：那么，的确没办法了。但是……没有热量的火……你怎么知道那是火？

门达克斯：因为它是从龙嘴里喷出来的，弗莱德！

弗莱德：好吧。我们可以买一个小喷漆罐让火显形，你说呢？

门达克斯：那个有毒。

弗莱德：我们小心一点儿。

门达克斯：而且易燃！

弗莱德：与龙喷出的火在一起？

门达克斯：是的！

弗莱德：我们可以找那种不易燃的漆，你知道的。

门达克斯：好的。但是，这是一条在某种意义上……无形的龙，不是你能喷上漆的那种东西。

弗莱德：你关于这条龙的所有认知都让我惊讶。

门达克斯：它在我的车库里，我知道一些事很正常。

弗莱德：是的，可是……

门达克斯：你看上去不太相信。

弗莱德：的确。

门达克斯：如果你不想相信我的车库里有一条龙，你就要证明那里没有一条龙！

弗莱德（转向读者）：门达克斯刚才做的是倒置举证责任的行为。他断言了某件事，然后声称只要没有人证明这件事为假，那么这件事就是真的。

门达克斯：否定你不知道的事是很狂妄自大的。

弗莱德：我没有否定那条龙的存在，门达克斯。在我们的谈话中，你不停地补充新的信息，并阻止我进行验证。就像一个守门员在每次对方射门时，却只会挪动球门。我现在怀疑你是否有清晰而确定的观点，以便我们能一起验证，你的车库里是否有龙。

门达克斯：如果你对龙一无所知，那这可不是我的错！

弗莱德：这叫诉诸无知。你强调存在一个任何人都不知道的实体——喷火而不散发热量的、非物质的隐形龙，并以之为借口说世界上有一些我们不知道的事，因此我们应该接受这个实体的存在。

门达克斯：不只是我，许多人都用这种方式辩论！

弗莱德：更合理的做法是永远不要依靠无知，而要始终依靠我们的知识。我们都知道的关于世界的知识会促使所有人（我希望如此）得出结论，门达克斯的龙不存在，直至有相反的证据。

门达克斯：啊哈！你看，你不完全肯定！这说明我是对的。

弗莱德：这说明你有权相信你想要相信的事，门达克斯。但是，其他人没有任何理由认为你的龙存在，也没有任何义务觉得你的假设有意义。

门达克斯：世界不配知道我的龙存在！

弗莱德：快别赌气了。

门达克斯：不！

卡尔·萨根得出的结论是："一条会飞的、隐形的、非物质的、会吐火却不发热的龙和根本没有龙之间有什么区别？如果没有任何方法能反驳我、没有任何可理解的经验能证明我是错的，那么，这是否意味着我的龙存在呢？当然不！无法宣告我的假设无效，与证明它是真的完全不是一回事。"

汉隆剃刀定律

这是一个关于剃刀的故事。

在网络上或家庭中，在马路上，在舞台上，在阶梯教室里……任何谈话都有可能变成冲突，因为我们有时觉得对方在发起攻击，在责怪或轻视我们，试图愚弄、羞辱我们，总之，他想以任何方式伤害我们。只需要浏览一下那些抱着怀疑态度探讨超自然现象、替代医学，甚至政治演说相关论题的人所写的评论，就会相信这一点。

这是人类的常态。如前所述，之所以如此，是因为人类是情绪和意图解读方面的冠军，我们总是试图分析某人“为什么”告诉我们某事，而且会轻易推理出一个情绪化的解释。即使异议非常小，我们也会将其理解为一种反对、一种评判、一种裁决。在某种程度上，我们因此而难受，作为回应，我们一般会向对方阐述我们的所有理由，让他知道他也会随意遭到评判和反对。

罗伯特·汉隆（Robert Hanlon）说“斥之以愚，勿斥以恶[1]”，这就是所谓的汉隆剃刀原则，它参考了奥卡姆剃刀原则，是一个旨在排除恶意假设的原则。

咱们再进一步来看，判断对方的看法是愚蠢的，这其实太过轻率。对方之所以为一个观点辩护，是因为这个观点对他有意义，而且他有理由（至少有动机）这么做。因此，我们应该质疑这些动机，而不是满足于裁定他的愚蠢。因为愚蠢不能自愈，而对方相信的理由可以被质疑，并使其

1 原文为“Never attribute to malice that which is adequately explained by stupidity.”——原书注

改变……或者说服我们自己最终是错的。那么，我们是不是应该避免将那些可以通过质疑而澄清的事归咎于愚蠢呢？在汉隆剃刀原则之外再应用所谓的“仁慈原则[1]”，就可以做到这一点。

贝叶斯定理

贝叶斯定理是在托马斯·贝叶斯（Thomas Bayes）去世后才发表的，它可以在考虑环境的同时对被信以为真的事的概率进行估计。该定理用数字来表示人们可能对一个建议产生信任的程度。

$$P(A/B)=\frac{P(A/B)\times P(A)}{P(B)}$$

借助这个公式[2]，我们能够通过考虑B的真实性来评估A为真的概率。贝叶斯定理等于使我们自问：基于实际观察到的，什么是最有可能发生的。这种对假设产生的原因的可靠性估计也出现在探究法[3]经常采用的方法中：“一个特殊的断言要求一个特殊的证据。(2)”

---

1 在哲学中，指一种我们应当坚持的伦理原则。——编者注

2 能否读懂并记住这个漂亮的公式对于理解我的话一点也不重要。——原书注

3 多用于教学领域。指在指导学生学习某概念或某原理时，教师只提供事例和问题，重点是引导学生通过阅读、观察、思考等自己去得出结论。——编者注

运用贝叶斯定理的方法之一，就是回到对现实的观察，并将观察结果与相关假设所对应的期待结果做比较。例如，如果假设通灵术是一种真实现象，那么我们可以期待观察到以下现象：

◉ 通灵者们能够完成已经逝世的大艺术家们未完成的著作（按照作者本人的口授）。而我们可能看到福楼拜（Flaubert）、托尔金（Tolkien）或佛莱迪·摩克瑞（Freddie Mercury）未发表的作品。

◉ 过去的大艺术家们可以毫不费力地证明那些作者身份存疑的作品的真实性，并大大丰富我们在艺术史方面的知识。

◉ 历史学家们通过询问神灵或那些曾经历过法老时代的人的前生，就能重新体验我们祖先们的日常生活。这是历史研究中多么大的进步啊！

◉ 被谋杀的人会找到理想的倾听者来向他叙述其所经历的苦难。任何连环杀手都不会横行太久。开膛手杰克的真面目可能被揭开。而警察则会尽可能地雇用想要帮助他们的通灵者。

◉ 博彩是一种过时的活动，因为通灵者每次都能找到中奖号码并从慈善事业中获利。

◉ 那些大企业的超自然咨询团队可以预测股票的涨跌。

◉ 逝者会给我们带来一些有价值的信息、一些关于秘密关系的细节、一些机密文件的位置，以及数不清的、未知的，但突然可以被证实的细节。

通过努力想象一个可疑陈述的结果，我们能够将这些结果与现实世界做比较，并改变它在我们心中所激发的信任程度。

人类的大脑是基于符合贝叶斯定理的世界运转的，各种事情发生的概率被串联起来重新评估，这就解释了为什么日常生活中的某些错觉只持续很短的时间，这段时间足以让大脑重新评估信息。（比如，意识到对面人行道上的那个人不是童年伙伴，或者一个陌生人刚刚叫的不是我们的名字。）

2015年2月26日，一张裙子的照片被分享了几百万次，变成了颜色感知科学研究的对象[3]。这条裙子看上去可以是白金条纹的，也可以是蓝黑条纹的：一切取决于大脑以怎样的方式解读照片中出现的光。我们的眼睛接收到的光，是环境光与所注视的物体的反射光的组合。要想“感知”物体的本来面目，我们必须避开环境光，仅保留反射光。

2015年的“裙子事件”表明，我们的感觉推理取决于无意识的预先假定，这绝不是无关紧要的。一些由衷的但绝对不可调和的观点是多么容易产生。我们不会说服或强迫一个看见白金条纹裙子的人（我就是这种人）“看见”蓝黑条纹。在原始照片上，真正的裙子是蓝黑条纹的，但知道这一点，并不能阻止我继续不自觉地感知到另一个“现实”。

因此，贝叶斯定理不足以证明任何事情，但可以帮助我们质疑预先的假设并探寻其他可能。

正如探究法中所说："二选一有极强的繁殖力。"

可能性的估计

探究法作为一种怀疑方法，是与教条主义对立的。它是一种旨在实现智力独立的方法，不迎合人们可能体验得到真理的感觉，相反，而是通过质疑这种感觉来探询真理。接受这种方法并非易事，这就需要著名的探究派学者亨利·布罗克（Henri Broch）在20世纪80年代使用的一个工具——可能性的估计。

可能性的估计会按照可用的知识重新定义陈述的背景，它允许我们保留认知灵活性，使我们频繁询问自身是否存在偏见。

我在这里所讲的可能性的估计更多的是指，它使我们在头脑中把思维框架想象成一个巨大的"仪表板"，引导着我们建立关于世界的信念，而不是把这些信念想象成固定在一个或另一个位置上的"二极管"[1]。我们的仪表板

1 半导体材料，具有两个电极，正极与负极。——编者注

上面覆盖着一些指针，它们记录着我们对有关世界的不同陈述的赞同程度。关键的是，这些指针被设计成能够移动并停止在任何一个点上，这样，我们就更容易抛弃那种错觉。我们对各种陈述不是完全赞同或完全否定的态度，而是一种相对的相信：目前我认为这件事的可信度是10%、40%、99%，等等。

在一生中，我们将接触到一些信息，开展一些谈话，进行一些思考，它们可能改变我们头脑中的大部分指针的位置。如果我们明白，虽然自己的信仰、观点会发生变化，但这并不标志着我们性格软弱，或否定了过去的自我，甚至背叛了先辈留下的遗产，那么我们会更容易接受很多事实。

可能性的估计是一个隐喻，可以让人接受，我们与世界的关系的性质是不断变化和不断被纠正的。这个方法帮助我们去实践那个古老的建议："不要爱上你的假设！"

探究三段式

我们遇到的观点冲突往往会撞上稻草人谬误、意图审判等暗礁。对此，我想提出一种理智的方法，可以在一场双方都试图改进自己对世界的理解和/或对方的想法的"辩论"中使用。当然，如果目的是在众人面前嘲笑对方、引人注目或赢得人气，这种方法可能只会起妨碍作用。

被我称为“探究三段式”的是一个自我审视的镜子，它能帮助我们区分沟通与表达中的三个方面：个人、观点和论据。

1. 个人：我有权无条件地想我所想，并为我的经历、感受作证。没有人能否认我的主观性、我的情感。没有人能宣称早已了解我的意图。

2. 观点：我的观点、表述、优先事项和价值观有待商榷，它们可能是错误的，因此不应逃避使我可能纠正它们的批评。

3. 论据：我们不会表达所有的思想，不会为所有的观点辩护。当我们这么做时，那是因为我们已经有了可供对方评判的论据。这些论据之所以存在，就是为了被研究、被审视、被检验、被辩论……

我们的批评、质疑应只涉及论据和观点。作为交换，我们应承诺，永远不把别人对我们言行的批评当作人身攻击。

探究三段式类似于非暴力沟通原则，因为它禁止无端评判和指责。原则上，在任何情况下，这个方法也禁止意图审判，因为个人的意图和内心动机很少可以被证明或反驳[4]。

在面对面谈话或在网络上发言时，记住探究三段式是使人变得更自信并避免将辩论变成争吵的好办法。

10

科学界的无稽之谈

科学就是当众犯错。

——丹尼尔·丹尼特（Daniel Dennett）

虚构的故事、虚幻的发现、超出情理的奉承、盲目崇拜的假设，这一切不只会影响抱有幻想的人、盲目乐观的人、处在社会边缘的怪人，有时候也会影响一些博学的人，虽然其成就让人很难料到他们会为那些不值得维护的观点辩护。

有一些固守成见者（爱自己的观点胜于爱智慧的人）在学者和科学家的队伍中混迹了很久，以至于他们的观点变成了真知。这就是我们即将谈到的勒内·布隆德洛（René Blondlot）的情况，他过于迷恋1903年自己在南锡的发现……

N射线：发现不存在的东西

“伟大的思想者改变了我们感知到的现实，改变了历史。布隆德洛可能就扮演了这样一个角色。1903年，他因发现一种迄今为止无人知晓的射线——N射线，而获得诺贝尔物理学奖，并由此提出了一种关于能量、物质和辐射之间关系的新看法。”

以上也许是布隆德洛幻想过但从未实现的大众对他的评价。可惜（真的可惜吗？），大自然不会因为学者们的欲望而轻易屈服，科学也没有恭维人类的义务。布隆德洛没有因为他的发现而获得诺贝尔奖。

1903年，布隆德洛发文宣称自己发现了一种新型射线——N射线。

1903年到1906年间，100多位研究人员发表的300多篇科学论文都对布隆德洛的N射线现象感兴趣，40多位科学家“观察”到了这条射线。然而，最终证明，N射线并不存在。这个丑闻使法国科学界蒙羞，杰出的布隆德洛的科学声誉再也没能恢复，以至于今天的我们可能从未听说过他的名字。

N射线是科学史上一个里程碑式的事件，使当时丧失洞察力几个月到几年的某些人很难堪。随后，这些人又十分在意人们是否已经忘记了这个令人耻辱的虚假发现，但事实上，它并未损害科学的名誉。

但是，无论如何，当我们想到那些愿意相信N射线、“看见”过N射线、“测量”过它们的波长，以及“观察”到过它们对人眼的影响的学者人数和这些学者的身份时，仍然会感到震惊。

那个时代的学者们的素质和智慧并不低于当今的学者们，我们如何能知道，现在的科学没有像一个世纪之前那样误入歧途呢？答案可能不会令我们满意，但要回答这个问题，必须在历史和科学的背景下讲述这些事实。

历史背景

19世纪末，欧洲依旧四分五裂。法国东部的阿尔萨斯属于德国，南锡当时则是拥有蓝色轮廓的孚日山脉的守卫者。然而，拥有大量驻军的南锡并没有建造防御工事。那时美丽的欧洲正处于社会、经济、技术进步的时代。在这种文化热中，甚至有人把南锡的精致程度与雅典相比较。新艺术运动不仅在巴黎如火如荼，也延伸到以建筑、晶质玻璃和陶瓷制造闻名的南锡。1900年，世博会在巴黎举行时，“南锡派”（指南锡的艺术体系）大受推崇。

曾被洛林公爵们统治的南锡是重要的文化中心，1870年只有5万居民，20年后，随着想要加入法国籍的阿尔萨斯人的到来，人口数量翻了一番。阿尔萨斯人带来了文化、财富、商业和技术。1872年，斯特拉斯堡医学院搬到南锡，使南锡成为与拥有4所大学的巴黎并列的主要大学城之一[1]，在研究和教学上享有优势地位。20世纪初，南锡大学吸引了许多来自东欧的外国学生，走在应用科学教育前沿的南锡大学对法国的文化影响力（当时还未被称作“软实力”）产生了重要的影响。

作为新的边境城市，南锡发展出了强烈的民族感情和尖锐的反日耳曼主义；“玩火者必自焚”是这个城市的格言。面对首都日益增强的中央集权，南锡也为自己的特权感到自豪。紧张、对抗、竞争出现在一个大部分事业靠自筹资金维持的世界中，这种地方主义也出现在学术界。面对在巴黎占据待遇最优厚职位的同行们，面对国际竞争，特别是与德国的竞争，南锡的学者们需要在破译自然法则方面证明自己。

这个背景有利于形成一种群体思维，一种学术界各团体成员之间的团结。但是，这往往会出问题。

布隆德洛于1849年出生在南锡，其父亲尼古拉斯·布隆德洛（Nicolas Blondlot）是南锡大学医学院的教授。1881年，布隆德洛以优秀的博士论文在索邦大学答辩，论文的题目是《电流极化能力的实验研究》（*Recherches expérimentales sur les capacités de polarisation voltaïque*）。之后，他回到南锡，先后在南锡大学理学院（1854年成立）担任讲师和教授。当选为法国科学院通讯院士后，他又被科学院授予了三个科学奖项。

布隆德洛非常热爱他的家乡，多次拒绝了需要离开南锡的升职机会，尽管他的多数同事认为，事业的完满结局是在首都（即巴黎）获得一个职位。布隆德洛经常拜访昂利·庞加莱（Henri Poincaré），这位科学权威人士当时被认为是

"最后的多面手[1]"。布隆德洛就自己的研究与他频繁通信。人们在庞加莱的书信中找到了布隆德洛的好几封信。而布隆德洛那里的庞加莱的回信却不见了。

1880到1906年，布隆德洛的研究工作十分出色。作为高水平的实验科学家，他主要与埃内斯特·比沙（Ernest Bichat）合作，偶尔也与皮埃尔·居里（Pierre Curie）合作，并在制造测量工具（尤其是静电计）方面表现出极大创造性。

布隆德洛研究了电磁波在不同自然介质中的传播，尤其是绝缘体，如冰，并从中推断出若干规律。

他关于电磁波传播速度的实验测定论文（1893年）[2]，因其实验过程的创造性而得到科学界的广泛关注。他采用了一个释放电弧的电容器，电弧的光被以大约300转/秒的已知速度绕轴旋转的镜子，反射到一块感光板上，通过感光板上两个光斑的间距，可以求出它们的间隔时间。

随后，布隆德洛开始研究不久之前才被发现并被认为不可能极化的X射线，并于1903年2月宣布已经成功地实现了X射线的极化。但是在3月，他纠正了自己的观点，并在3月23日发表在《科学院报告》（*Comptes rendus de l'Académie des sciences*）**(2)**

1　庞加莱在数学、理论物理、科学哲学等方面均有重要研究。——编者注

2　论文题目为*Détermination de la vitesse de propagation d' une perturbation électrique le long d' un fil de cuivre, à l' aide d' une méthode indépendante de toute théorie*（直译为《用独立于任何理论的一种方法测定电磁波沿铜丝传播的速度》）。——原书注

上的《关于一种新的光线》（“Sur une nouvelle espèce de lumière”）一文中提出，他发现了一种新的射线。1903年5月25日，这种新的射线有了自己的名字，就是N射线。

布隆德洛不是我们经常看到的那种发表奇谈怪论的空想者，而是一位真正的科学家，具备真正的能力和可信度，这也是为什么他的发现会在世界各地被讨论，并得到一流学者们的支持。大多数空想者只是在哗众取宠，而布隆德洛作为科学院通讯院士和多个杰出科学奖项的获得者，从未被怀疑有这种意图。

因此，重点不是去想象自己理解了一个已经不在人世、无法为自己辩解的人是如何工作的，因为没有人能进入布隆德洛的大脑，甚至布隆德洛自己或许也不能解释他的行为。为了用批判的精神和方法讨论这个问题，我们需要关注的是事实以及它们的背景。

科学背景

1901年，历史上第一个诺贝尔物理学奖被授予威廉·康拉德·伦琴（Wilhelm Conrad Röntgen）。这个德国人是X射线的发现者，所以在欧洲各国，X射线被称为伦琴射线……但除了法国。X射线有着广泛而重要的应用：放射线照相术与放射疗法引起了医学的巨大变革；人们将X射线用于机场安检门或农业食品安全检测中，也用于结晶学或古生物学研究中……

20世纪初流行研究新的射线：1869年威廉·克鲁克斯（William Crookes）发现阴极射线；1893年，维克托·舒曼（Victor Schumann）提出了宇宙紫外线；在1895年伦琴射线被发现之后，法国的亨利·贝克勒尔（François Henri Becquerel）于第二年发现天然放射性，以及他的α、β和γ射线接二连三令世界惊叹；贝克勒尔于1903年与玛丽·居里和皮埃尔·居里夫妇分享了诺贝尔物理学奖。

我们由此可以发现，在1903年，射线研究是物理学界和物理学家们的大事。发现一种新的射线是某种成就，更是“众所期待”的。后来出现了一束黑光，被称作“伍德之光”，后文我们很快就会提到这个名字。

1903年对于法国物理学界来说是耻辱的一年，在法国人出类拔萃的领域里，一场争论最终转向对他们不利的方向。美国人亨利·罗兰（Henry Rowland）证明了带电体的运动能产生磁场，这一说法得到了德国学者伦琴和希姆施泰特（Himstedt）的确认。1900年，法国的维克托·克雷米厄（Victor Crémieu）未能复制这一实验，因此质疑罗兰的实验结果。为了搞清楚这件事，一场国际合作自发地组织起来，其中不乏权威人士，如开尔文、庞加莱……这引起了许多人的关注。这样一来，当罗兰的实验结论在1903年最终被确认时，它被法国人无端质疑过这件事就无人不知了。更关键的是，紧接着，布隆德洛就提出了自己的发现，这让人们瞬间忘了前面那个恼火的插曲。

法国科学家当时正处于紧张、不确定和激烈的竞争中，尤其是与德国科学家之间。物理学家更是如此，特别是住在法德边境的物理学家。在这个背景下，一种团结友爱的“需求”油然而生，它促使人们过于轻率地维护一个恰逢其时的发现。这种不谋而合的团结可能是历史上“病态科学”的最佳范例之一的先决条件。

“发现”

1902年，布隆德洛宣布确定了X射线以光速移动这个引人注目的成果。在论文中，为了确定这些X射线的传播方式，他调试了一台装置，并用它得到了一个惊人的结果：他在X射线本不应该被发现的条件下探测到了信号。他由此得出结论，探测到的是另一种东西，一种能穿过黑纸、木头和铝的射线——N射线。

伟大的实验科学家布隆德洛想出了一些能让人看见这

种新射线的方法。他用一个石英棱镜来聚焦奥尔灯发出的N射线，使这些射线首先射向一台火花探测器。随后放置在黑暗中的这台探测器所发出的电火花的亮度看似被这束N射线增强了。

在N射线实验中被用得最多的是布隆德洛设计的另一台探测器：一个黑色纸板做的屏幕，上面用含有硫化钙的磷光画出了一些小圆圈。布隆德洛将一束N射线引向这个屏幕，测量出了这种射线的波长。他还提出了一种看见N射线的方法：在钻了一条细缝的金属管的端部点燃某种气体，然后观察小火苗亮度增强的情况。

这些通过肉眼感知小光源亮度变化的探测方法不是最佳方法，所以，当时热衷于改进这些方法的研究人员更喜欢使用摄影和电离法进行检测。但是，由于布隆德洛是一流的实验科学家，许多人认为他的观察结果值得信任。

布隆德洛确定了一份N射线的初级光源清单："太阳、所有白炽体、淬火钢，以及一般意义上一切能够承受内部应力的材料。"

随后，布隆德洛宣布，N射线可以由"次级发射体"发射，如石英。他是在注意到硫化钙的亮度在奥尔灯熄灭后继续增强之后，才得出这一结论的。他由此推断，石英棱镜在继续发射储存的N射线。后来，他又在次级发射体的清单中增加了眼睛中的玻璃体液，这使他认为："或许，N射线对有关动物或植物生命的某些现象也有影响。"

我们发现，只要保持发现的真实性，布隆德洛就能够轻而易举地在现象之上搭建许多假设。这种"投机能力"出现在一位科学家身上并不反常，但如果不加节制地利用，则可能导致无休止的迷失。

迷失

"这件事中不同寻常的是'迷失者'的人数和身份，毕竟，他们不是'半瓶子醋'、江湖骗子、怪人或猎奇者，而是一些真正的科学家，他们无私、正直、精通实验室测量技术。这些头脑冷静、意志坚定的人——学院的教授、医院的医生、大学或高中教师，比如让·贝克勒尔（Jean Becquerel）、吉尔贝·巴莱（Gilbert Ballet）、安德烈·布洛卡（André Broca）、齐默恩（Zimmern）、博尔迪耶（Bordier）等人[(3)]，在这次事件之前或之后都表现出了研究人员的专业素质。"

布隆德洛的某些同事被说服了，并自己做了实验。1904年1月，布隆德洛公布了N射线的波长。2月，他公开了一张照片，至此，N射线的名声到达了顶峰。在这张图片上，每个人都能看到射线对一束小火花的亮度的影响。

1903年12月，随着南锡大学医学院医学和物理学教授奥古斯丁·沙尔庞捷（Augustin Charpentier）的发现，N射线进入了生物学研究领域。他探测到了人体，特别是神经系统发出的N射线。1904年1月11日，南锡大学医学院教授爱德华·梅耶尔（Édouard Meyer）报告了一些植物发出的N射线。1月25日，同学院教师马耶尔·朗贝尔（Mayer Lambert）通过设备看见了一些有机酶发出的N射线。巴黎、第戎和马赛的其他几位研究人员也报告了有关N射线的一些发现。

但在国际上，N射线的热度并没有这么高。许多科学家尝试寻找这几个法国人到处都能找到的射线，却一无所获。布隆德洛在他发表的论文中，慷慨地给出了一些如何更清楚地看到这种新射线的建议，但并没能消除人们的怀疑。他特别指出，观察者不应直接注视屏幕，而应只扮演被动者的角色，否则无法看见N射线。

梅斯大学的萨尔维奥尼（Salvioni）教授在未能让这些射线现身之后，在给罗马科学院的报告中提出了一些质疑，但他没有像德国人否决得那样斩钉截铁。事实上，德国人鲁本斯（Rubens）早就否定了布隆德洛的发现，因为该发现违反了关于波的运动状态的已知知识，尤其是麦克斯韦理论。理论上，波长较长的电磁波不可能穿过一扇0.1毫米厚的铝制窗户，或一个石英棱镜。但是在法国，关于N射线这个话题的出版物仍然层出不穷。

1904年，布隆德洛获得了法国科学院颁发的久负盛名的勒孔特奖（Leconte Prize，奖金为5万法郎，相当于当时一位法国大学教授年薪的5倍），这显然是为了奖赏一个为法国科学界增光的发现。但是，在最后时刻，院士们决定低调行事，在庞加莱为科学院撰写的证明颁发此奖项合理的报告的最后一版中，几乎没有提到N射线，而是褒扬了布隆德洛的整个职业生涯。

1904年7月14日，布隆德洛获得了荣誉勋章。无论如何，这件事都有问题。他的发现缺乏证据，而一开始，相信N射线存在的人们与怀疑者们之间就形成了一条鸿沟。

论战愈演愈烈，多位声名显赫的学者表示，他们坚信N射线的存在，因为他们信任布隆德洛。

马塞兰·贝特洛（Marcellin Berthelot）声明："我相信N射线的存在，而且非常信任布隆德洛先生的研究。但是某些人，比如一些通灵论者，过度预判了结果。"

亨利·佩拉（Henri Pellat）断言："我相信N射线的存在，因为布隆德洛先生是一位严谨的学者。我极其信任他的科学创造性和实验创造性，他不会宣告并描述一个虚假的现象，也不可能任凭自己被错觉或心理暗示摆布，因此N射线是真实存在的。"

整件事的关键在于，布隆德洛在他的实验中探测到的信号的性质到底是什么。实验条件已齐备，但得到的却是一个模糊的信号。从此，人们自问：研究人员所报告的亮度变化是物理现象还是心理现象？这是光波对火花和硫化钙的影响，还是实验装置对人眼机能的影响，甚或是一种自我暗示？

一些科学家前往南锡见证实验，以便为这个越来越令人焦灼的疑问找到答案。特别是保罗·朗之万（Paul Langevin），从法兰西学院的马斯卡尔实验室回到巴黎后，他试图重现布隆德洛的实验结果，但没有成功。

布隆德洛回应说，朗之万使用的装置产生的火苗很稳定……然而，N射线的探测需要的火苗很小、很弱且不稳定。朗之万想知道，如何才能有效区别一个不稳定的微弱火苗的细微亮度变化。

还有其他一些针对屏幕探测器的疑问。心理学家亨利·皮埃龙（Henri Piéron）提醒，硫化钙的磷光现象可能在观察者身体散发的热量下，或所用光源的红外射线作用下发生反应，也可能因磁场变化发生反应。

“另外，眼睛的运动，以及注意力的适应和波动的变化，也会给这些客观变化增加主观性质的且可能通过暗示产生的直接或间接影响的变化，因此，可能会让某些实验人员武断地看到一些想象中的亮度增强效果。”

《费加罗报》(*Le Figaro*)的一篇文章，以及法国物理学家阿尔塞纳·达松伐耳(Arsène d'Arsonval)在1904年3月所作的一个讲座，使大众了解到N射线的存在。在这篇文章中，布隆德洛要求记者们不要过分预判，但他却轻率地透露了一些细节:“在N射线的特点中，我发现，那些能被纯净水阻挡的射线能穿过脏水并能被脏水储存。这个发现可能说明，N射线在自然中扮演了一个非常重要的角色。”

在此期间，科学界的论战更加激烈，怀疑传播开来，围绕着N射线的断言远远超出了实验物理学的界限。

偏执的个性

我们需要注意，从一开始布隆德洛回应同行质疑的方式就很糟糕。面对批评，他提出了一些看似内行的假设，以解释同行复制实验失败的原因。他提出并非每个人都适合得到与他相同的观察结果，以此来巩固他的实验结果。我们后面会谈到，他还固执地拒绝了那些合作建议和双盲实验建议。

1904年12月，《自然》(*Nature*)杂志发表了对布隆德洛的有关N射线的研究成果的致命批评后，他写信给庞加莱:“我有意尽快自费出版有关研究的后续论文，仅署我自己的名字，我始终忠于说出全部真相的义务，不让任何看法阻止我，即使我会因此在晚年变成科学界的亡命之徒。”

这隐约透露出，布隆德洛对他的仪器和方法高度自信，并概括了他对怀疑的极度厌恶。但是，N射线事件整体上不能归咎为一个人或一个研究团队的错误，而应归咎于法国科学界的错误。因为我们可以看到，一旦越过了边境，N射线遇到的只有最终被证明合理的强烈怀疑。

传说布隆德洛因此发疯并自杀了，但事实上，1910年，布隆德洛在61岁时提前退休，之后又生活了20年，没有任何智力衰退的迹象。1925年前后，皮埃尔在看望布隆德洛后说，布隆德洛完全了解最新的科学研究情况并拥有丝毫无损的智力水平。

然而，所有迹象均表明，布隆德洛从未真正放弃他的发现，且退休后仍在继续从事研究工作。

与科学之门的危险关系

1903年12月，N射线事件变得更加具有戏剧性了。如前所述，沙尔庞捷发现人体能发出N射线。探测N射线的探测器是一根用软木塞塞住的小铅管，软木塞的另一端涂着一层被认为能与射线发生反应的硫化钙。

他首先展示了人体的肌肉和神经系统发出的射线，并表示射线后续会集中于神经系统。当他宣布智力活动使神经系统发射出更多的N射线时，这个实验变得更吸引人了。

沙尔庞捷想知道N射线能否对感觉起作用。他表示，当N射线被引导穿过颅壁射向嗅觉中心时，它增强了嗅觉，对于视觉和味觉也是如此。达松伐耳自愿成为这些研究的著名代言人，他解释说，当受试者讲话时，射线来自布洛卡区（1861年的发现，语言的运动中枢）。

沙尔庞捷连续发表了37篇关于N射线与生理学关系的文章。许多学者热衷于这些问题，并用他们自己改造的布隆德洛探测器来验证各种猜测。然而，当1000个人测试了1000个假设时，即使它们都是假的，某些人也会仅仅因为巧合而得出“积极的”数据。一些虚假的发现接踵而至，使人们一直维持着对N射线的迷恋。

例如，诸如氯仿或乙醚等麻醉药会通过有机体阻止N射线的辐射。年轻的物理学家让·贝克勒尔（诺贝尔物理学奖得主亨利·贝克勒尔的儿子）用氯仿“麻醉”了几块钢板，并看到了事先预期的结果：被“麻醉”的金属削弱了N射线的辐射。

后来，他用批判性的眼光回顾了当时自己缺乏经验的想法，以及那些使他相信自己结果的权威效应。

那些最苛刻的人也不失时机地揭沙尔庞捷的新研究的短，说它只是确认了本无须确认的布洛卡区，而并无助于发现任何新的神经中心。尽管真实的发现本身允许一些预测，但沙尔庞捷博士“出色的”实验结果却使他的许多同行困惑不已。

尽管如此，沙尔庞捷的发现还是引起了轰动，因为在借助X射线看到人体骨骼之后，人们已经开始想象能够借助N射线看见神经系统了。但这还不算完，还有更玄乎的。因为生理N射线可能是一个科学证据，证明人体周围存在一种强度与个人的心理活动相关的射线。在当时那个热衷于通灵论和通灵现象的社会里，人们原本就认为，通灵这件事不可能悄无声息地发生。这一发现使人们觉得，我们终于掌握了能够解释通灵现象甚至灵魂本身的物理基础！

那些愿意相信通灵说的人感觉科学证明了他们有理。达松伐耳完全承担起了神秘学与N射线新科学之间的纽带作用：“沙尔庞捷先生从没想要率先发布除了热辐射之外，人体还能发出其他未知性质的射线这个想法。但这个想法实际上已经存在了好几个世纪了，尤其是在神秘主义画家的作品中，在动物磁气疗法[1]施行者散发的‘气流’中，在赖兴巴赫（Reichenbach）的假想力[2]中，等等。”

阴极射线的发现者克鲁克斯在30多年前就已经对超自然现象感兴趣了，尤其是，他相信与灵媒相关的现象（如与死者交流或心灵感应）真实存在。有人说，想要相信这些现象的克鲁克斯半自愿地成为操纵者们的受害者。

怀疑

大多数与N射线相关的重大发现都发生在南锡，而在德国没有一次探测成功，仿佛大自然给了每个人最好的安排。最早产生怀疑的图卢兹大学物理学教授艾梅·戈登（Aimé Cotton）未能找到N射线存在的证据，他称：“当我独自一人时，我观察到了预期的变化，有时非常明显；但当我受到某种监控时，它们就完全消失了。”

庞加莱前往南锡后也没有看见N射线，但他不愿下结论，而是认为自己视力不佳。要想回应越来越多的怀疑和

---

1 根据动物磁气说的理论，人类和动物体内都充满了磁气。在治疗动物疾病时，可运用磁气场来重新平衡动物体内的磁气。该说法一直未得到科学验证。——编者注。

2 赖兴巴赫全名为卡尔·冯·赖兴巴赫（Carl von Reichenbach），是普鲁士科学院的杰出化学家，他把一种与电、动物磁气说和被认为与大多数物质散发的热量类似的力命名为“假想力”。——编者注

批评，就必须采用最严格的方法，并努力消除所有的错误源头。可惜……关于其屏幕探测器显示出的N射线，布隆德洛对微弱发光方面的实验专家甘尚先生解释道："第一次实验就没有成功的人，没有任何机会做成后面的实验。"他还对南锡物理学家卡米耶·居东（Camille Gutton，他的某些研究中的助手）宣称："当精神关注到现象的本质时，眼睛就看不见火苗的变化了。"

这些解释轻率地指责了重复实验失败的科学家们，而这，不过是布隆德洛保护他的发现免受正当批评的拙劣方法。所以，人们越来越怀疑整件事从一开始就是实验假象[1]，或者说是"实验者效应"，即实验者自己以某种方式影响受试者，并制造出一种现象却以为这种现象是在实验中观察到的。

为了回应关于观察方法的主观性的批评，布隆德洛设计了一台新的装置，它能给一块感光板拍照，这块感光板分别能与受到或不受到N射线照射的火苗的光发生反应。影像的产生应该能让那些揭露肉眼观察的主观性和模糊性的批评者们闭嘴。然而，照相装置是一个实验员按照节拍器的节奏手动激活的，他始终知道火苗在什么时候受到

1　假象（人造的事实）：在实验条件下用各种因素创造出的现象。——原书注

或不受到N射线的照射，也就是说，布隆德洛始终没有遵守盲试原则。

批评者们甚至开始怀疑，参与研究的技术人员可能伪造了实验结果，以取悦他的导师布隆德洛。为了不使布隆德洛的品性受到任何怀疑，让这个过于虔诚的助手为整件事承担责任再合适不过了。作为回应，布隆德洛为他的助手吕西安·维尔茨（Lucien Virtz）的出色能力，以及他们之间不存在的利益冲突而辩护："我愿意为公布过结果的所有实验负全责，我至少检验过这些结果。"

但无论如何，这台能拍照的新装置没有让重复实验的人得出预想中的结果。

当人们建议找一些不知道哪种图像对应哪种条件的人来冲洗底片（即一种单盲实验规程）时，被布隆德洛团队拒绝了，他们是否在尽可能拖延（还是无意的？）冲洗底片的时间从而等待更强的光亮。

这种拒绝采用更严谨的实验过程的做法不能归罪于技术人员，因为是布隆德洛做出了这个选择。正如他选择随意回应让·佩兰（Jean Perrin）或美国的罗伯特·伍德（Robert Wood）的批评（后文会讲到）一样——他们让人们注意，布隆德洛的某些实验结果展示出了与实验装置不一致的精确度，因为探测器裂缝的宽度不允许进行如此精确的测量。布隆德洛回答说，这种不匹配是N射线的特点造成的令人惊奇的后果。这样的回答什么也解释不了，只会徒增各种怀疑，这并不是科学所需要的。

实验

科学方法之所以可靠，是因为它经得起反驳。当涉及物质和能量的运动状态时，结论应该以实验证据为依据。为了一劳永逸地裁决N射线的存在这个问题，需要在它们被发现的同一地点进行一次实验。

德国的海因里希·鲁本斯（Heinrich Rubens）也是对布隆德洛实验结果最早的怀疑者之一，因为他未能复制那些结果。他在研讨会上找到了美国的罗伯特·伍德，请他前往南锡弄清楚这件事。

1904年9月下旬，罗伯特·伍德来到了南锡，他没有告诉任何人他懂法语。布隆德洛向他介绍了自己的器材，尤其是屏幕探测器。伍德写道："他点燃了那盏气灯，然后让我注意屏幕上的圆圈在N射线照射到它们时亮度增强了。我回答他说，我没看到任何变化。他反驳我说，这是因为我的眼睛不够灵敏。但这什么也证明不了。于是，我问他能否让我在射线的照射路径上放置或移动一个不透光的铅制屏幕，同时由他来描述屏幕的变化，并评述这些变化。他答应了。随后他几乎完全搞错了，甚至当我没有做任何动作时，他也描述了屏幕的变化。在我看来这很能说明问题，但我当时没有做出任何评论。”

最重要的实验涉及另一台装置——一个棱镜[1]。据布隆德洛说，当N射线穿过棱镜折射到底板上，会产生射线光谱图案。

那天，罗伯特·伍德表里不一、缺乏风度，但这对验证实验结果非常有效。一台实验装置被放置在黑暗中，发出肉眼看不见的射线。伍德听见布隆德洛说，他观察到了整个光谱图案，之后伍德请布隆德洛重复这个实验。这一次，他在黑暗中悄悄地移动了位置，抽走了棱镜，但这没有阻止布隆德洛获得与第一次完全相同的测量结果。在打开灯之前，伍德没有忘记把棱镜放回原位。

布隆德洛宣称他的眼睛累了，由助手吕西安·维尔茨继续实验。但这个人对伍德有所怀疑。再一次，在黑暗中，当维尔茨开始测量时，伍德走向棱镜的位置但忘记了放轻脚步。于是出现了以下一幕，伍德在几天后报告如下：“这个助手开始测量，但突然他匆忙用法语对布隆德

1　布隆德洛称，N射线能够透过棱镜发生折射。——编者注

洛说‘我什么也没看见，没有光谱。我想这个美国人在捣乱’。随即，他打开了灯，向棱镜走去，非常仔细地检查它。他愤怒地看着我，而我若无其事地看着他。这场实验因此结束，我乘晚班列车前往巴黎。”

伍德撰写了一份报告，发表在1904年9月29日的《自然》杂志上。他在报告中解释说，抽走棱镜并没有影响对N射线光谱进行的测量工作。这无疑是一个晴天霹雳。科学界需要自查，面向法国科学界专业人士的主要期刊《科学杂志》(*Revue scientifique*)展开了为期三个月的专家协商，来裁决“N射线是否存在”这个问题。这个办法很特殊且非常模棱两可，因为，正如化学家亨利·莫瓦桑(Henri Moissan)所称，“科学问题不能通过全民公决来解决”。科学共识不是集体举手表决得出的，而是通过验证科学文献中的假设得出的。

在这次协商中，曾经确认过布隆德洛的观察结果的那些科学家坚持他们的立场，埃内斯特·比沙院长断言：“我绝对肯定N射线的客观存在。”但从那以后就很少有关于这件事的研究了。

布隆德洛参与了这次协商：“我绝对肯定，N射线的现象对我来说与任何其他物理现象一样肯定存在。我的多位同行，以及许多人也同样肯定这一点……在巴黎，让·贝克勒尔先生在报告中发表了他父亲——杰出的物理学家亨利·贝克勒尔先生提供给科学院的许多以N射线和N1射线为研究对象的笔记。难道让·贝克勒尔先生会忘记那些曾经引起哪怕一丁点儿怀疑的评论，而在他父亲同意的情况下冒险连累科学史上最杰出的姓氏之一吗？”

再一次，人们建议布隆德洛进行一次盲试来裁决这个问题。

亨利·皮埃龙解释了这个方法：“我们建议布隆德洛和沙尔庞捷两位先生多组织几次实验。实验方法概括如下：‘我们找人做许多个边长8厘米的木质立方体，将其内部掏空成尺寸精确的空穴，放入几片铅或淬火钢制成的薄片并固定好，以免它们互相碰撞或发出噪声。这些木盒被密封并编号，体积和质量相同。一旦木盒被封闭，就没有人知道（也不可能知道）每个木盒里装的是什么。只需要用涂硫的屏幕或火苗来确定装有铅片的木盒以及装有淬火钢片的木盒是N射线的源头。’”

布隆德洛对这个建议的回答最终使他大溃退，将他的科学功绩变成了一场难以理解的冒险：“请允许我拒绝与实验合作有关的任何建议，因为这些现象过于微妙而无法进行实验。每个人对于N射线都有自己的看法，这源于他自己的经验，或者他可能对他人的经验抱有的信任，我不想将自己的观点强加给任何人。”

而这就是悲剧所在，因为科学当然不是有关观点的问题。这种逃避在伪科学中经常见到，人们用观点自由做挡箭牌，而不是去履行证明其断言的义务。布隆德洛的发言最终夺走了N射线的任何科学可信度。1904年12月4日，在给庞加莱的一封信中，布隆德洛说这场论战已经影响到他的健康:“我好像不能去巴黎了。我的健康状况尽管不稳定，但最近几年已经好转，可如今又承受了这些大麻烦的打击；我没有胃口，日日夜夜都非常痛苦。”

在此之后，在布隆德洛身边，马斯卡尔、居东和维尔茨继续在南锡进行一些实验，但关注度越来越低。1905年，只有一篇关于N射线的论文发表，而此前两年总共有300多篇被发表。事件逐渐平息，没有人为任何事受到谴责，没有人为此献身，没有人认错。在物理学家当中，只有罗伯特·伍德和阿尔贝·蒂尔潘(Albert Turpain)敢说这是“欺诈”，没有任何其他人质疑布隆德洛的名誉和意图。

这个事件从一份引起轰动的公告开始，最后非常尴尬地“扑哧”一声告终。

尾声：应该忘记学者布隆德洛吗？

N射线的故事不太令人满意，故事中的许多主角宁愿大众忘记这件事。“如果一位历史学家兼心理学家在一两个世纪之后重新提起这场科学冒险，或许其中会有一些虚构的内幕，可以写一本精彩的书。但不幸的是，他可能会缺少资料。”

这番话出自亨利·皮埃龙，科学心理学先驱之一。那时还是一位年轻研究员的他热衷于研究N射线，自己做了一些实验，但未能看出射线对硫化钙亮度的影响。事件之后，他开始关心那些能引起这么大范围的集体错误的心理因素。1906年，他为期刊《心理学年报》（*L'Année psychologique*）写了一篇论文，这也是我们掌握的能够追溯这个科学史上过于秘密的事件的几份当代原始资料之一。

布隆德洛的个人档案和书信没有被保存，他的行政档案已经不存在了，他的论文没有出现在任何物理学教科书中——比沙和布隆德洛的静电计除外。

或许我们就是这样进步的，毫无遗憾地摆脱错误的观点。但是，我们也需要努力记住那些错误，从理论上提防它们，从而严谨地应用科学方法。因为一些类似的属于所谓“病态科学”的情况并不罕见。

1877到1909年，人们对“火星运河[1]”的存在信以为真。这个假设基于与N射线事件同类的错误：一些拙劣的图像产生了模糊的信号，观察者可以从中得出一个歪曲事实的解读，从而影响其他人在他之后观察到的现象。

19世纪也产生了“颅相学”，即相信一个人的颅骨形状能说明他的智力水平和脾气。这一伪科学虽很快被揭穿，却在大众文化中落地生根，从而为一些至今存在的种族主义思想提供了所谓的理论依据。

同样，“生命力”(Orgone)是一种“全新的宇宙能量，它遵循一些非机械的运行法则，无处不在”，被认为是性欲的主要来源。以上说法出自弗洛伊德派的威廉·赖希(Wilhelm Reich)，他于20世纪30年代发表了自诩为科学研究的论文。

1969到1973年，科学界就一种具有从未见过的特性的水的新形态——“聚合水”的可能存在展开了论战。但就像N射线一样，聚合水实际上从未存在过。

最近，最有名且最接近N射线事件的是“水的记忆”，出现在1988年的一篇围绕雅克·邦弗尼斯特(Jacques Benveniste)的实验结果的论战文章中。这位研究员的假设是：与某些

1 指当时被观测到的火星上的由极细的直线构成的网状系统，有些人有意将其称为“火星运河”。——编者注

物质接触过的水，在这些物质被稀释到几乎全部消失后，水仍能保留这些物质的一部分特性。水的记忆是一个可以用来解释顺势疗法[1]有效的概念。但是，正如N射线，重复实验的尝试大多数都失败了，而这位研究员拒绝更改他的实验装置，拒绝用其他方式测试水的记忆。从20世纪90年代开始，这个假设在科学层面上就已经失去影响力了，但却在大众传媒界存活下来，仍然能激发那些相信顺势疗法的有效性拥有科学证据的人们的激情。

最终，我们可以扪心自问，在布隆德洛这个事件或者科学界的其他错误中记住些什么了吗？因为在布隆德洛之前，人们已经知道了隔离待测参数的实验规程的重要性、盲试的客观性和重要性。布隆德洛，以及那些曾经确认N射线存在的人们，不只是错误地解读了一个模糊的信号，而主要是自以为能对心理暗示免疫而不去为避开这个错误源头做任何努力。

我们应该明白，比起自以为不会犯错、不会出偏差、能保持其他人缺少的清醒、自以为更接近事实，意识不到

1 指“同类治愈同类”的理论，具体指为治疗某种疾病，需要使用一种能够使健康的人产生相同症状的药剂。——编者注

任何错误源头更有害。科学言论的价值不在于发表言论的学者是否有高人一等的素质，而在于这些言论所依据的方法的严谨性，以及这位学者所属团体的学者们的验证过程。

我们不应再忘记，科学需要时间，而媒体往往不提供时间，只想吸引眼球。对于引起轰动的伟大发现的兴趣，和对于勘误或撤回谬见的漠不关心，导致社会被错误或科学操纵所渗透，大众对研究人员的信任度被削弱。1904年3月15日，马塞尔·阿斯科利（Marcel Ascoli）在N射线事件后的反思在今天同样有效："一个科学问题过早地成为一些非科学精神的猎物，这可能是科学的不幸。"

我们应该学会尊重科学所需的时间，即验证实验规程、重复实验和确认结果所需的时间。这个艰难的过程是能够产生可靠到值得被视为"科学真相"的知识的唯一途径。但我们总是希望这个过程更快一些、更简单一些，答案确认了我们的直觉、符合我们的预期，我们就会高兴、放心。可惜，科学只提供知识，而不一定能让我们幸福。要想明察秋毫，就需要去探寻真相。

11

怎样才能少做傻瓜

面对大量的无稽之谈，即使最警觉的人也会受到考验。要让人类变得更聪明，这是一项重要的工作。即使我们中的多数人不是白痴，我们也在某个时候相信过无聊的话。

“傻瓜”是一个让人不舒服的词。把我们试图与之交流的人当“傻瓜”对待，这既没有必要，也不是很有效。然而，没有人有义务与所有人对话。傻瓜们认为自己总是有权要求一个回答，强迫他人分享他们对某项运动、某个网络游戏、某个政治问题、最喜欢的阴谋论和所有一切的看法。请注意，他们这么做不是因为他们是傻瓜，相反，正因为他们这么做，人们才叫他们傻瓜。

注意，这不是让我们去辱骂所有令人讨厌的人，因为辱骂往往是傻瓜的表现。一方面，有时候，把我们讨厌的一个人称作傻瓜是结束谈话的好办法。另一方面，只有傻瓜才会叫骂着开启一次交流，这是他们的特征之一。

四面八方来的都是扫兴鬼、讨厌鬼、烦人鬼，一大群骄傲自大的家伙、让人泄气的家伙、浪费时间的家伙、五花八门的让人厌烦的家伙、高级讨人嫌、小蠢货、在你本已像溜冰场栏杆处一样拥挤的生活中推搡和添堵的家伙，以及永远踩着别人的脚前进的人！

——伊夫·罗贝尔（Yves Robert），
《讨厌鬼们的舞会》（*Le Bal des casse-pieds*），1991 年

我不会用“傻瓜”一词来指智力有缺陷的人（我们可以通过智商测试来确定他的智力水平）。补充一点，判定人的本质，给他们贴上不可磨灭的标签，这当然永远是不恰当的；因此，在这一章中，定义某些人如傻瓜，是一种态度、一种行为，人们可以摆脱愚蠢，不再做傻瓜[1]。

微妙的定义

我想谈论的傻瓜的定义如下。在日常生活中和网络上，他或她基本是不会认真地对自己提出以下三个问题的:

1. 我比对话者更了解情况或更有能力吗?
2. 我有理由猜测对话者有某种意图吗?
3. 在一场谈话中，我所说的话是出于什么目的?

我比对话者更了解情况或更有能力吗?

我有权与那些比我知道得更多的人对话，挑战他们的专业知识，请他们为其陈述提供证据或论证。什么也不应阻止我这样做。但如果我采用一种学究的口吻，让对话者听出我知道的比他多，以此来贬低他，那么就事与愿违了，显然，我会看上去像个傻瓜。

2016年8月的一天，在推特上发生的一次被分享了许

多次的交流就是这种情况:

“说实话，气候变化让我害怕，看到因为气候变化而将消失的一切，我感到非常悲哀。”

“或许你应该了解一点真正的‘科学’[1]，不要再听那些宣传全球变暖的谎言的罪犯们的话了！”

“我不知道，伙计。我已经获得了天体物理学的博士学位，我感觉，再说下去就有点多余了。”

如果不预设别人都是愚蠢无知的人，我们变成傻瓜的概率就会大大降低。

我有理由猜测对话者有某种意图吗?

有时候，我们有理由猜测一种态度或一个断言背后的某种意图。但是，最好是有技巧地行事，并试着论证这个意图，尤其是通过提问的方式。我们也可以明确提出这些意图及其背后的假设，请对话者更清楚地说明他的想法和态度。简言之，在判断之前，消除一切张冠李戴的可能性，更为明智。

1 这个词作者用的是大写字母。——译者注当然，如果这场谈话的目的是让对方失去威信，意图审判就变成了卑鄙的策略。一些不道德的人总是用这种方法，他们善于摆出一些控诉的姿态，使自己无须论证。

一般来说，预先假定陈述中隐藏着意图最容易使人做蠢事。傻瓜会为确信自己已经看破了对话者的真实本性而洋洋自得，却忘记验证自己的假设，还常常气定神闲，不会因此打消质疑他人的念头。

在一场谈话中，我所说的话是出于什么目的？

当我们与立场相反的人对话时，谈话的目的这个问题一开始就摆在眼前了。在这样一种情况下，我们的目的可能是说服他，那么，表现出最低限度的礼貌对我们十分有利，否则将激起对方的抵触情绪，阻碍进一步讨论。即便有理，我们的行为也可能像一个傻瓜。

为了揭穿一个错误的观点、一场欺骗性的发言或一种误导，我们要记住，我们实际上面对的是这场谈话的观众们，而不是真的对话者。这可能是有用的，但让观众恼怒更会令自己看起来像个傻瓜。

我们也可以试着理解对方维护其观点的理由。体面的做法是，请对方解释他为什么这么想，从而在他的立场显得不那么坚定时找机会说服他。

但是，傻瓜往往认为，改变看法是一种软弱甚至愚蠢的表现，因为他没有做好心理准备承认自己的愚蠢。他缺乏反思思维：思考我是怎么想的，我为什么这么想。傻瓜是心甘情愿的达克效应[1]的猎物。

请注意，一些人会从这段文字中看出，作者把他的所有反对者都当作傻瓜对待。首先，这是错误的，因为我时常觉得接受批评是十分有益的。其次，有这种想法的人应该没理解我这张短清单上的第二个问题。

苏格拉底不是傻瓜

这三个问题或许让人回想起“苏格拉底的三个筛子”：

一天，一个人跑到智者苏格拉底面前：“我必须告诉你一件事，”他明显很兴奋，“你能相信吗？你知道，我的朋友……”

“停！”苏格拉底打断他，“你用三个筛子筛过了你这么急于告诉我的这件事了吗？”

“你想说什么？”

“第一个筛子是真实。你要告诉我的事是绝对真实

1 全称邓宁・克鲁格效应。指能力欠缺的人无法正确认识到自身的不足，从而会得出错误结论。——编者注

的吗？”

“我想是的，”那个人说，“但是我没有亲眼见到，是朋友温特尔透露给我的，还让我保证严守秘密……”

“第二个筛子，”苏格拉底再次打断他，“是善意。你要告诉我的是一件好事吗？你要讲的事对你的同类有益吗？”

“确切地说不是，甚至正相反。”

“第三个筛子是必要性。我有必要知道这件让你如此兴奋的事吗？”

“有必要吗？不，不完全是，但是无论如何，我想……”

“那好吧，我的朋友，既然你要告诉我的事既不是必要的，也不是善意的，也不是确定真实的，那你为什么要到处传播它呢？忘记它，让我们谈谈更明智的事吧。”

既美丽又愚蠢

有时，我们在辩论结束时自以为教训了那个比自己知道得多的人，却实际上将自己暴露在了三种危险之中：

1. 冒着远离真相的风险。

2. 预先假定意图，以为知道了动机，而实际上并不知道，这是冒着行为不端的风险的。

3. 最后，在发言之前没有自问这么做能贡献什么，这是冒着用完全没必要的话浪费所有人时间和精力的风险。

因此，前文的三个小问题不是什么最新的神奇药方，而是有用的、经过认证的“认知防护栏杆”。我们也可以选择一个便于记忆的口诀[(2)]：

在说话之前，想一想：

- 这是积极的吗？
- 这是准确的吗？
- 这是必要的吗？
- 这是明智的吗？
- 这能充实思想吗？

如果只是偶尔表现得有点傻，这并不严重，尤其当人们能接受时（但不要频繁表现得太傻）。没有人能永远理智，承认这一点并不等于给自己或任何人贴上了不可改变的标签，而是向着更理性的方向努力，同时在某个时刻或整个人生中，尽量少做无意识的、盲目竞争的傻瓜行为。

12

类型问题

我们评判一种处境、一个人、一种意图的速度会比自己的影子还快[1]，这很符合人类的特性……我们不停地做出评判，这些第一印象也会影响我们随后将与他人建立的关系。

即便是那些最具善意的人也经常会做出一些不公平的评判。贝叶斯推理使我们按照人们所属的群体（医生、左撇子、行人、意大利人、斗士、信徒等），将我们对他们的道德或智力的看法模式化，即使我们认为这种推理方式有缺陷。更讽刺的是，甚至当他人的判断与我们的类似时，我们也会冷酷无情地去评判他们 (1)。

当然，我们不可能立即停止所有这些不合适的评判，但或许可以暂且搁置它们，尽可能少地做出这种评判或质疑，从而不会使任何心理暗示在我们不知道的情况下影响我们的决定。

无稽之谈不是存在于我们的大脑之外的，就像我们不可能在一个没有电脑的世界里发现计算机病毒一样。我们的大脑包含着无稽之谈需要的一切：成见、信仰、情绪、欲望、计划、担忧、世界观、冲突，尤其是想象力。卫生工作者们喜欢反复地说得病没什么，心情好才

---

1 此处借用了法国漫画《幸运的卢克》（*Lucky Luke*）中形容卢克“拔枪比自己的影子还快”的说法，形容速度之快。——译者注

是最重要的。从医学角度看，这是荒谬和危险的，但这个观点有一定意义。

完全没有理性的人如果存在，也属于医学范畴。然而，诉诸理性并非顽固不化。我们可以通过确定大脑主要的推理方式来区分出两大认知类型：直觉型和分析型（也称作“反思型”）。[2] 实际上，这等同于丹尼尔·卡尼曼区分的系统1（直觉型）和系统2（分析型）。

直觉型的人更重视感受、直觉和个人经验，他们会在某种程度上体会到一种“真实的味道”[3]。当一个陈述是假的时，他们自认为能够感觉出来，并相信这种感觉。

分析型的人更冷静、更重视逻辑和证据。他们能够纠正直觉体系（包括一些非常相信直觉的人的直觉体系）。

心理研究人员能够评估人们身上的一种认知类型相较于另一种的突出程度，从而分析与这两种类型相关的行为、判断、推理和信仰。许多研究都表明，直觉较多（分析较少）的人更容易相信伪科学、超自然现象和阴谋论[4]。

问题在于，知道此人在多大程度上有希望倾向重视分析的一侧，是否可能让他改变自己的认知类型，并更容易接受批判性思维？

我们能否（独自或一起）变得更强大，以避免被愚弄呢？我没有答案，但为什么不试试呢？想象这件事如能达成，我们就能更坚决地挣脱自己的精神枷锁。

我们还在等什么呢？

参考资料

无稽之谈的四条原则

1. Lazer D. M. J., Zittrain J. L., *et al.*, "*The science of fake news*", *Science*, vol. 359, 2018, p. 1094–1096.
2. Dieguez S., *Total Bullshit !*, Paris, PUF, 2018.
3. Mercier H., Majima Y., et Miton H., "*Willingness to transmit and the spread of pseudoscientific belief*", *Applied cognitive psychology*, vol. 32, 2018, p. 499–505.
4. Swire B., Ecker U. K. H., et Lewandowsky S., "*The role of familiarity in correcting inaccurate information*", *Journal of Experimental Psychology. Learning, Memory and Cognition*, vol. 12, 2017, p. 1948–1961.
5. Vosoughi S., Roy D., et Aral S., "*The spread of true and false news online*", *Science*, vol. 359, no 6380, 2018, p. 1146–1151.

我们的世界如此个性化

1. Donnée pour la première fois lors du *Festival Frames* d'Avignon le 2 septembre 2017.
2. Durand T. C., *Quand est–ce qu'on biaise ?*, Paris, humenSciences, 2019.
3. Rozenblit L., et Keil F., "*The misunderstood limits of folk science : An illusion of explanatory depth*", *Cognitive Science*, vol. 26, no 5, 2002, p. 521–562.

我们"看见"的是不存在的因果关系

1. Messerli F. H., "*Chocolate consumption, cognitive function, and Nobel Laureates*", *New England Journal of Medicine*, vol. 367, no 16, 2012, p. 1562–1564.
2. Billet de blog de La Rédaction du *Monde* : " QI – Le chocolat, péché mignon des Prix Nobel ? ".
3. Maurage P., Heeren A., et Pesenti M., "*Does chocolate consumption really boost Nobel Award chances ? The peril of over–interpreting correlations in health studies*", *The Journal of Nutrition*, vol. 143, no 6, 2013, p. 931–933.
4. Chapman L. J., et Chapman J. P., "*Genesis of popular but erroneous psychodiagnostic observations*", *Journal of Abnormal Psychology*, vol. 72, no 3, 1967, p. 193–204.
5. Horn B., "*Müdigkeit*", *Schweiz Ärztezeitung*, vol. 79, no 2, 1998, p. 1362–1141.

证据是什么

1. Durand T. C., *La vie après la mort ? Une approche rationnelle*, Book–e–book, coll. Une chandelle dans les ténèbres , 2016.
2. Sitchin Z., *The 12th Planet*, New York, Harper, 1976.
3. Le livre d'Alain Riazuelo, *Pourquoi la Terre est ronde* (Paris, humenSciences, 2019), développe tout cela.

我们的“认知偏差”

1. Zajonc R. B., "*Attitudinal effects of mere exposure*", *Journal of Personality and Social Psychology Monographs*, vol. 9, no 2, partie 2, 1968, p. 1–27.
2. Sanna L. J., et Schwarz N., "*Integrating temporal biases : The interplay of focal thoughts and accessibility experiences*", *Psychological Science*, vol. 15, no 7, 2004, p. 474–481.
3. Seifert C. M., "*The continued influence of misinformation in memory : What makes a correction effective?*", dans Brian H. R., *Psychology of Learning and Motivation*, vol. 41, Cambridge, Academic Press, 2002, p. 265–292.
4. Gilovich T., Savitsky K., et Medvec V. H., "*The illusion of transparency : Biased assessments of others' ability to read one's emotional states*", *Journal of Personality and Social Psychology*, vol. 75, no 2, 1998, p. 332–346.
5. Kahneman D., *Système 1/Système 2. Les deux vitesses de la pensée*, Paris, Flammarion, 2016.
6. Schwarz N., Simons A., *et al.*, "*Ease of retrieval as information : Another look at the availability heuristic*", *Journal of Personality and Social Psychology*, vol. 61, no 2, 1991, p. 195–202.
7. À ce sujet, lire le livre de Brigitte Axelrad, *Les Ravages des faux souvenirs ou la mémoire manipulée*, Paris, Book–e–book, 2010.
8. Chabris C. F., et Simons D. J., *The Invisible Gorilla (And Other Ways Our Intuitions Deceive Us)*, New York, Crown, 2010 (pour plus de détail, voir également www.theinvisiblegorilla.com).
9. Durand T. C., *Quand est–ce qu'on biaise ?*, Paris, humenSciences, 2019, chap. 16.
10. Postman L., et Phillips L. W., "*Short–term temporal changes in free recall*", *The Quarterly Journal of Experimental Psychology*, vol. 17, no 2, 1965, p. 132–138 ; Glanzer M., et Cunitz A. R., "T*wo storage mechanisms in free recall*", *Journal of Verbal Learning and Verbal Behavior*, vol. 5, no 4, 1966, p. 351–360.
11. Kahneman D., Slovic P., et Tversky A., *Judgment under Uncertainty : Heuristics and Biases*, Cambridge, Cambridge University Press, 1982.
12. Prike T., Arnold M. M., et Williamson P., "*Psychics, aliens, or experience ? Using the anomalistic belief scale to examine the relationship between type of belief and probabilistic reasoning*", *Consciousness and Cognition*, vol. 53, 2017, p. 151–164.
13. Et exposé dans le livre de Daniel Kahneman, *Système 1/Système 2. Les deux vitesses de la pensée*, ouvr. cité.
14. Ariely D., Loewenstein G., et Prelec D., " *'Coherent arbitrariness' : Stable demand curves without stable preferences, The Quarterly Journal of Economics* ", vol. 118, 2003, p. 73–106.
15. Fritz S., et Thomas M., "*Explaining the enigmatic anchoring effect : Mechanisms of*

selective accessibility", *Journal of Personality and Social Psychology*, vol. 73, no 3, 1997, p. 437.

16. Chr is J., et Dan U., "*Precision of the anchor influences the amount of adjustment*", *Psychological Science*, vol. 19, no 2, 2008, p. 121–127.
17. Fariña F., Arce R., et Novo M., "*Anchoring in judicial decision-making*", *Psychology in Spain*, 2003, vol. 7. no 1, 2003, p. 56–65.
18. Loewenstein G., O'Donoghue T., et Rabin M., "*Projection bias in predicting future utility*", *The Quarterly Journal of Economics*, vol. 118, no 4, 2003, p. 1209–1248.
19. Loewenstein G., "*Projection bias in medical decision making*", *Medical Decision Making*, vol. 25, no 1, 2005, p. 96–105.
20. Durand T. C., *Quand est-ce qu'on biaise ?*, ouvr. cité.
21. Charpentier C. J., Bromberg-M artin E. S., et Sharot T., "*Valuation of knowledge and ignorance in mesolimbic reward circuitry*", *Proceedings of the National Academy of Sciences*, vol. 115, no 31, 2018, p. E7255–E7264.
22. Karlsson N., Loewenstein G., et Sepp i D., "*The ostrich effect : Selective attention to information*", *Journal of Risk and Uncertainty*, vol. 38, 2009, p. 95–115.
23. Sunstein C. R., Bobadilla Suarez S., Lazzaro S., et Sharot T., *How People Update Beliefs about Climate Change : Good News and Bad News*, SSRN, 2016.
24. Kahneman D., Krueger A. B., Schkade D., Schwarz N., et Stone A. A., "*Would you be happier if you were richer ? A focusing illusion*", *Science*, vol. 312, no 5782, 2006, p. 1908–1910.
25. Malle B. F., "*Attribution theories : How people make sense of behavior*", dans Chadee D., *Theories in Social Psychology*, Hoboken, Wiley-Blackwell, 2011, p. 72–95.
26. Kammer D., "*Differences in trait ascriptions to self and friend : Unconfounding intensity from variability*", *Psychological Reports*, vol. 51, no 1, 1982, p. 99–102.
27. Heath C., "*On the social psychology of agency relationships : Lay theories of motivation overemphasize extrinsic incentives*", *Organizational Behavior and Human Decision Processes*, vol. 78, no 1, 1999, p. 25–62.
28. Leyens J.-Ph., *Sommes-nous tous des psychologues ? Approche psychosociale des théories implicites de la personnalité*, Sprimont, Mardaga, coll. « Psychologie et sciences humaine », 2006 (1re éd. 1983).
29. Jones E. E., Wood G. C., et Quattrone G. A. "*Perceived variability of personal characteristics in in-groups and outgroups : The role of knowledge and evaluations*", *Personality and Social Psychology Bulletin*, vol. 7, no 3, 1981, p. 523–528.
30. Horr y R., Wrigh t D. B., et Tredoux C. G., "*Recognition and context memory for faces from own and other ethnic groups : A remember-know investigation*", *Memory and Cognition*, vol. 38, 2010, p. 134–141.
31. Pronin E., Lin D. Y., et Ross L., "*The bias blind spot : Perceptions of bias in self versus*

others", Personality and Social Psychology Bulletin, vol. 28, no 3, 2002.

32. Greenberg J., Pyszczynski T., Burling J., et Tibbs K., "*Depression, self-focused attention, and the self-serving attributional bias*", *Personality and Individual Differences*, vol. 13, no 9, 1992, p. 959–965 ; Seidel E.-M., Derntl B., *et al.*, "*Neural correlates of depressive realism - An fMRI study on causal attribution in depression*", *Journal of Affective Disorders*, vol. 138, no 3, 2012, p. 268–276.
33. Shepp erd J., Malone W., et Sweeny K., "*Exploring causes of the self-serving bias*", *Social and Personality Psychology Compass*, 2008, p. 895–908.
34. Bressoux P., et Pansu P., *Quand les enseignants jugent leurs élèves*, Paris, PUF, 2003.
35. Papuchon A., ? Ce qu'Alis nous dit de ses amis. L'effet de désirabilité sociale et sa variabilité au prisme de questions portant sur une prestation sociale fictive ?, *Bulletin of Sociological Methodology/Bulletin de méthodologie sociologique*, vol. 137–138, no 1, 2018, p. 120–139.
36. Shikanai K., "*Effects of self-esteem on attribution of success-failure*", *Japanese Journal of Experimental Social Psychology*, vol. 18, 1978, p. 47–55 ; Shikanai K., "*Effects of self-esteem on attributions of others' success or failure*", *Japanese Journal of Experimental Social Psychology*, vol. 23, no 1, 1983, p. 27–37 ; Shikanai K., "*Effects of self-esteem and one's own performance on attribution of others' success and failure*", *Japanese Journal of Experimental Social Psychology*, vol. 24, 1984, p. 37–46.
37. Girandola F., et Roussiau N., " L'engagement comme source de modifications à long terme [*Commitment as a source of long-term modification*]", *Cahiers internationaux de psychologie sociale*, vol. 57,2003, p. 83–101.
38. Joule R.-V., et Beauvois J.-L., *Petite Traité de manipulation à l'usage des honnêtes gens*, Grenoble, Presses universitaires de Grenoble, 1987.
39. Harris M. B., "*The effects of performing one altruistic act on the likelihood of performing another*", *The Journal of Social Psychology*, vol. 88, no 1, 1972.
40. Tversky A., et Kahneman D., "*Loss aversion in riskless choice : A reference dependent model*", *Quarterly Journal of Economics*, vol. 106, 1991, p. 1039–1061.
41. Staw B. M., "*Knee-deep in the big muddy : A study of escalating commitment to a chosen course of action*", *Organizational Behavior and Human Performance*, vol. 16, no 1, 1976, p. 27–44.
42. Skinner B. F., "*Superstition' in the pigeon*", *Journal of Experimental Psychology*, vol. 38, no 2, 1948, p. 168–172.
43. Sweis B. M., Redish A. D., *et al.*, "*Sensitivity to "sunk costs" in mice, rats, and humans*", *Science*, vol. 361, no 6398, 2018, p. 178–181.
44. Slovic P., Fischhoff B., et Lichtenstein S., "*Why study risk perception ?*", *Risk Analysis*, vol. 2, no 2, 1982, p. 83–93.
45. Slimak M., et Dietz Th. "*Personal values, beliefs, and ecological risk perception*", *Risk*

Analysis, vol. 26, no 6, 2007, p. 1689–1705.

46. Starr C., "*Social benefits versus technological risks*", *Science*, vol. 165, no 3899, 1969, p. 1232–1238.
47. Slovic P., *The perception of risk*, Virginia, Routledge, 2000.
48. Robin G., et Mendelsohn R., "*Perceived risk, dread, and benefits*", *Risk Analysis*, vol. 13, no 3, 1993, p. 259–264.
49. Voir le "Fourfold pattern", dans Kahneman D., *Thinking, Fast and Slow*, New York, Farrar, Straus and Giroux, 2011, chap. 29.
50. Baron J., Gowda R., et Kunreuther H., "*Attitudes toward managing hazardous waste : What should be cleaned up and who should pay for it ?*", *Risk Analysis*, vol. 13, no 2, 1993, p. 183–192.
51. Vaish A., Grossmann T., et Woodward A., "*Not all emotions are created equal : The negativity bias in social-emotional development*", *Psychological Bulletin*, vol. 134, no 3, 2008, p. 383–403.
52. Bronner G., et Géhin é., *L'Inquiétant Principe de précaution*, Paris, PUF, 2010.
53. Loftus E. F., Coan J., et Pickrell J. E., "*Manufacturing false memories using bits of reality*", dans Reder L. M., *Implicit Memory and Metacognition*, Psychology press, 1996.
54. Garr y M., et Hayne H., *Do justice and let the sky fall : Elizabeth F. Loftus and her contributions to science, law, and academic freedom, Psychology Press Festschrift Series*, 2013.
55. Lindsay D. S., Hagen L., Read J. D., Wade K. A., et Garry M., "*True photographs and false memories*", *Psychological Science*, vol. 15, no 3, 2004, p. 149–154.
56. Carmichael A. M., et Gutchess A. H., "*Using warnings to reduce categorical false memories in younger and older adults*", *Memory*, vol. 24, 2016, p. 856–863.
57. Eakin D. K., Schr eiber T. A., et Serg ent-M arshall S., "*Misinformation effects in eyewitness memory : The presence and absence of memory impairment as a function of warning and misinformation accessibility*", *Journal of Experimental Psychology. Learning, Memory, and Cognition*, vol. 29, 2003, p. 813–825.
58. Slotnick S., et Schacter D., "*A sensory signature that distinguishes true from false memories*", *Nature Neuroscience*, vol. 7, 2004, p.664–672.
59. Zeigarnik B., "*Das Behalten erledigter und unerledigter Handlungen*", *Psychologische Forschung*, vol. 9, 1927, p. 1–85.
60. Pour les principaux, voir Schacter D., *The Seven Sins of Memory : How the Mind Forgets and Remembers*, Boston, Houghton Mifflin Harcourt, 2001.
61. Blank H., Nestler S., Collani G. (von), et Fischer V., "*How many hindsight biases are there ?*", *Cognition*, vol. 106, no 3, 2008, p. 1408–1440.
62. Comme nous le disions page 107, c'est tout l'objet du livre de Dan Ariely, *C'est (vraiment ?) moi qui décide* [Predictably Irrational], 2008.

63. Sellier A.-L., Scopelliti I., et Morewedge C. K., "*Debiasing training improves decision making in the field*", *Psychological Science*, vol. 30, no 9, 2019, p. 1371−1379.

64. Lovallo D., et Sibony O., "*The case for behavioral strategy*", *McKinsey Quarterly*, 2010.

辩论文化

1. Langer E. J., Blank A., et Chanowitz B., " *The mindlessness of ostensibly thoughtful action : The role of "placebic" information in interpersonal interaction*", *Journal of Personality and Social Psychology*, vol. 36, no 6, 1978, p. 635−642.

剖析无稽之谈的工具

1. Sagan C., *The Demon−Haunted World*, New York, Random House, 1995.
2. Voir Durand T. C., *Quand est-ce qu'on biaise ?*, Paris, humenSciences, 2019, chap. 8 : " Aparté – La zététique et le paranormal ".
3. Pour en savoir plus, voir la page Wikipédia dédiée, et les liens fournis : https://fr.wikipedia.org/wiki/La_Robe_(photo).
4. Cela rejoint l'idée de la cible de Graham et du livre de Nathan Uyttendaele : *L'Art d'exprimer son désaccord sans se facher*, Paris, Belin, 2020.

科学界的无稽之谈

1. Académie de Stanislas, *Un physicien nancéien Blondlot*, communication de M. Robert Mainard, séance du 19 mars 2004.

2. *Comptes rendus hebdomadaires des séances de l'Académie des sciences*, 1er semestre 1903, p. 735.
3. Rostand J., *Science fausse et fausses sciences*, Paris, Gallimard, 1958.

怎样才能少做傻瓜

1. Voir : Marmion F. (dir.), *Psychologie de la connerie*, Auxerre, éditions Sciences Humaines, 2018.
2. Trouvée dans le livre d'Isabelle Servant : *Transmettre l'essentiel à l'école (et à la maison)*, Paris, Eyrolles, 2019.

类型问题

1. Cao J., Kleiman-Weiner M., et Banaji M. R., "*People make the same bayesian judgment they criticize in others*", *Psychological Science*, vol. 30, no 1, 2019, p. 20–31.
2. Epstein S., Pacini R., Denes-Raj V., et Harriet H., "*Individual differences in intuitive-experiential and analytical-rational thinking styles*", *Journal of Personality and Social Psychology*, vol. 71, no 2, 1996, p. 390–405.
3. Klein é., *Le Goût du vrai*, Paris, Gallimard, coll. " Tracts ", 2020.
4. Swami V., Voracek M., Stieger S., Tran U. S., et Furnham A., "*Analytic thinking reduces belief in conspiracy theories*", *Cognition*, vol. 133, no 3, 2014, p. 572–585 ; Georg iou N., Delfabbro P., et Balzan R., "*Conspiracy beliefs in the general population : The importance of psychopathology, cognitive style and educational attainment*", *Personality and Individual Differences*, vol. 151, art. 109521, 2019.

致谢

感谢与我一起工作的地球与气候科学爱好者协会的成员们，他们与我一样，有普及这些知识的使命感，并帮我挤出了写作时间。

感谢对社交网络持怀疑态度的群体，在他们当中，我找到了写作过程中遇到的某些问题的答案。

最后感谢研究员洛朗·罗莱（Laurent Rollet）和艾蒂安·博尔蒙（Étienne Bolmont），他们提供了南锡市的亨利–庞加莱的档案，让我得以追溯勒内·布隆德洛的N射线的故事。

图书在版编目（CIP）数据

为什么我们会被愚弄 / （法）托马·C.迪朗著 ; 祝华译. -- 杭州 : 浙江教育出版社, 2024.4
ISBN 978-7-5722-7343-8

Ⅰ. ①为… Ⅱ. ①托… ②祝… Ⅲ. ①思维方法—通俗读物 Ⅳ. ①B804-49

中国国家版本馆CIP数据核字(2024)第036318号

引进版图书合同登记号　浙江省版权局图字：11-2023-237

为什么我们会被愚弄

WEISHENME WOMEN HUIBEI YUNONG

[法]托马·C.迪朗　著　祝华　译

总 策 划　李　娟　　执行策划　王思杰
责任编辑　余理阳　　责任校对　王晨儿
美术编辑　韩　波　　责任印务　曹雨辰

出版发行　浙江教育出版社（杭州市天目山路40号　邮编：310013）
印　　刷　北京盛通印刷股份有限公司
开　　本　787mm×1092mm　1/32
印　　张　7.25
字　　数　121 800
版　　次　2024年4月第1版
印　　次　2024年4月第1次印刷
标准书号　ISBN 978-7-5722-7343-8
定　　价　56.00

人啊，认识你自己！